わかるを
つくる

中学

数学

問題集

GAKKEN PERFECT COURSE
MATHEMATICS

Gakken

はじめに

　問題集の基本的な役割とは何か。こう尋ねたとき，多くの人がテスト対策や入試対策を一番に思い浮かべるのではないでしょうか。また，問題を解くための知識を身につけるという意味では，「知識の確認と定着」や「弱点の発見と補強」という役割もあり，どれも問題集の重要な役割です。

　しかしこの問題集の役割は，それだけにとどまりません。知識を蓄積するだけではなく，その知識を運用して考える力をつけることも，大きな役割と考えています。この観点から，「知識を組み合わせて考える問題」や「思考力・表現力を必要とする問題」を多く収録しています。この種の問題は，最初から簡単には解けないかもしれません。しかし，じっくり問題と向き合って，自分で考え，自分の力で解けたときの高揚感や達成感は，自信を生み，次の問題にチャレンジする意欲を生みます。みなさんが，この問題集の問題と向き合い，解くときの喜びや達成感をもつことができれば，これ以上嬉しいことはありません。

　知識を運用して問題を解決していく力は，大人になってさまざまな問題に直面したときに，それらを解決していく力に通じます。これは，みなさんが将来，主体的に自分の人生を生きるために必要な力だといえるでしょう。『パーフェクトコース わかるをつくる』シリーズは，このような，将来にわたって役立つ教科の本質的な力をつけてもらうことを心がけて制作しました。

　この問題集は，『パーフェクトコース わかるをつくる』参考書に対応した構成になっています。参考書を活用しながら，この問題集で知識を定着し，運用する力を練成していくことで，ほんとうの「わかる」をつくる経験ができるはずです。みなさんが『パーフェクトコース わかるをつくる』シリーズを活用し，将来にわたって役立つ力をつけられることを祈っています。

学研プラス

学研パーフェクトコース
わかるをつくる 中学数学問題集

この問題集の特長と使い方

特長

本書は，参考書『パーフェクトコース わかるをつくる 中学数学』に対応した問題集です。
参考書とセットで使うと，より効率的な学習が可能です。
また，3ステップ構成で，基礎の確認から実戦的な問題演習まで，
段階を追って学習を進められます。

構成と使い方

STEP01 要点まとめ

その章で学習する基本的な内容を，穴埋め
形式で確認できるページです。数や式などを
書き込んで，基本事項を確認しましょう。問
題にとりかかる前のウォーミングアップとし
て，最初に取り組むことをおすすめします。

STEP02 基本問題

その章の内容の理解度を，問題を解きなが
らチェックするページです。サイドに問題を
解くヒントや，ミスしやすい内容についての注
意点を記載しています。行き詰まったときは，
ここを読んでから再度チャレンジしましょう。

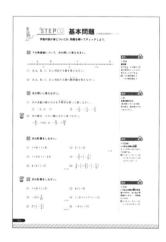

STEP 03 実戦問題

入試レベルの問題で,ワンランク上の実力をつけるページです。表やグラフを読み解く,思考力を使って結論を導くなど,新傾向の問題も掲載しているので,幅広い学力が身につきます。

アイコンについて

 よく出る
定期テストや入試でよく出る問題です。

 難問
やや難易度が高い問題です。

 超難問
特に難易度が高い問題です。

 思考力
問題文の読解力,思考力などが問われる問題です。

 新傾向
問題文の読解力,思考力などが問われる問題で,近年注目の話題を扱うなど,今までにない手法を使った問題です。

 **総合問題 / 入試予想問題**

複数の領域をまたぐ問題や,高校入試を想定したオリジナルの問題を掲載しています。実際の入試をイメージしながら,取り組んでみましょう。

別冊 解答・解説

解答は別冊になっています。詳しい解説がついていますので,間違えた問題や理解が不十分だと感じた問題は,解説をよく読んで確実に解けるようにしておきましょう。

※入試問題について… ●編集上の都合により,解答形式を変更したり,問題の一部を変更・省略したりしたところがあります。(「改」または「一部」と表記)。●問題指示文,表記,記号などは,問題集全体の統一のため,変更したところがあります。●問題の出典の「19」などの表記は,出題年を示しています。(例:19⇒2019年に実施された入試で出題された問題)

監修者紹介

<ruby>柴<rt>しば</rt></ruby><ruby>山<rt>やま</rt></ruby> <ruby>達<rt>たつ</rt></ruby><ruby>治<rt>じ</rt></ruby>
（開成中学校・高等学校教諭）

数学の学習の流れはおおむね,

【概念→結果→応用】

という順番になります。

結果を用いて応用問題を解くことの練習も大切ですが, 概念の意味を知り, そこから得られる結果が正しい理由を理解することのほうがより重要です。

数と式編

正の数・負の数

STEP01 要点まとめ ➡ 解答は別冊001ページ

〇〇 にあてはまる数や記号・式を書いて，この章の内容を確認しよう。

最重要ポイント

同符号の 2 数の和 ………… 絶対値の和に，共通の符号をつける。
異符号の 2 数の和 ………… 絶対値の差に，絶対値の大きいほうの符号をつける。
減法 ……………………… ひく数の符号を変えて加法になおして計算する。
同符号の 2 数の積(商) …… 絶対値の積(商)に正の符号＋をつける。
異符号の 2 数の積(商) …… 絶対値の積(商)に負の符号－をつける。

1 正の数・負の数

1 $-\dfrac{4}{5}$, $-\dfrac{3}{4}$, -0.85 の大小を不等号を使って表しなさい。

▶▶▶負の数は絶対値が大きいほど小さい。

小数になおして比べる。$-\dfrac{4}{5}=$ 〔01〕 ，$-\dfrac{3}{4}=$ 〔02〕 で，$0.75<0.8<0.85$ だから，

$-0.85<-0.8<-0.75$ で，$-0.85<$ 〔03〕 $<$ 〔04〕

2 加法と減法

●加法

2 $(-6)+(-8)$ ▶▶▶絶対値の和に，共通の符号をつける。

$(-6)+(-8)=$ 〔05〕 $(6+8)=$ 〔06〕

3 $(+1)+(-5)$ ▶▶▶絶対値の差に，絶対値の大きいほうの符号をつける。

$(+1)+(-5)=$ 〔07〕 $(5-1)=$ 〔08〕

●減法

POINT 減法の符号

$-(+●)\Rightarrow +(-●)$
$-(-●)\Rightarrow +(+●)$

4 $(+2)-(+9)$ ▶▶▶ひく数の符号を変えて加法になおす。

$(+2)-(+9)=(+2)$ 〔09〕 $(-9)=$ 〔10〕 $(9-2)=$ 〔11〕

絶対値の大きい↑　　　↑絶対値の差
ほうの符号

1 正の数・負の数

2 文字と式

3 整数の性質

4 式の計算

5 多項式

6 平方根

3 乗法と除法

● 乗法

5 **(−14)×(−3)** ▶▶▶絶対値の積に，正の符号＋をつける。

$(-14) \times (-3) = {}_{12}\qquad (14 \times 3) = {}_{13}$　←答えが正の数の場合，＋を省いてもよい。

6 **(−4)×(+7)** ▶▶▶絶対値の積に，負の符号−をつける。

$(-4) \times (+7) = {}_{14}\qquad (4 \times 7) = {}_{15}$

⚠注意　絶対値の大きいほうの符号ではない。

● 除法

7 **(−28)÷(−4)** ▶▶▶絶対値の商に，正の符号＋をつける。

$(-28) \div (-4) = {}_{16}\qquad (28 \div 4) = {}_{17}$

8 **(+72)÷(−9)** ▶▶▶絶対値の商に，負の符号−をつける。

$(+72) \div (-9) = {}_{18}\qquad (72 \div 9) = {}_{19}$

4 四則の混じった計算

9 **$(-7) \times (-2)^2 + (1-16) \div (-5)$**

▶▶▶**かっこの中・累乗➡乗除➡加減**の順に計算する。

$(-7) \times (-2)^2 + (1-16) \div (-5) = (-7) \times {}_{20}\qquad + ({}_{21}\qquad) \div (-5)$

⚠注意　$(-2)^2 = -4$ ではない。

$= {}_{22}\qquad + {}_{23}\qquad = {}_{24}$

5 正の数・負の数の利用

10 下の表は，A〜E の 5 人の生徒の体重を，55kg を基準として，それより重い場合は正の数，軽い場合は負の数で表したものです。この 5 人の体重の平均を求めなさい。

生徒	A	B	C	D	E
基準の体重 55kg との差(kg)	+7	−2	−12	+3	−1

▶▶▶基準との差の平均を求めてから，基準の量にたす。

基準の量 55kg との差の合計を求めると，

$(+7) + ({}_{25}\qquad) + (-12) + ({}_{26}\qquad) + ({}_{27}\qquad) = {}_{28}\qquad$ (kg)

差の合計を，生徒の人数 5 でわって，差の平均を求めると，

$({}_{29}\qquad) \div 5 = {}_{30}\qquad$ (kg)　←(平均)＝(合計)÷(個数)

したがって，5 人の体重の平均は，基準の量 55kg より，${}_{31}\qquad$ kg 軽いから，

基準の量 55kg に，差の平均をたして，$55 + ({}_{32}\qquad) = {}_{33}\qquad$ (kg)

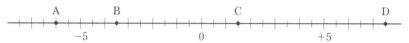

STEP02 基本問題 → 解答は別冊001ページ

学習内容が身についたか，問題を解いてチェックしよう。

---

1 下の数直線について，次の問いに答えなさい。

A   B   C   D

-5   0   +5

(1) 点 A，B，C，D に対応する数を答えなさい。

(2) 点 A，B，C，D に対応する数の絶対値を答えなさい。

確認

→ **1**(2)
絶対値
絶対値は，その数から正
負の符号をとったものと
考えることができる。
例 -3 の絶対値は 3，
$+2$ の絶対値は 2

---

2 次の問いに答えなさい。

(1) 次の各組の数の大小を不等号を使って表しなさい。

  ① -2，0，-5 ② $-\dfrac{1}{2}$，$-\dfrac{1}{4}$，$-\dfrac{2}{3}$

(2) 次の数を，小さい順に左から並べなさい。

   $-\dfrac{4}{5}$，$+0.9$，0，$-\dfrac{6}{7}$，$+\dfrac{10}{9}$

確認

→ **2**
正負の数の大小
（負の数）＜0＜（正の数）
負の数は，絶対値が大き
いほど小さい。

---

3 次の計算をしなさい。

(1) $(+6)+(+8)$ (2) $5-(-2)$

                                                 〈石川県〉

(3) $(+2.3)+(-4.9)$ (4) $-\dfrac{2}{5}+\left(-\dfrac{7}{6}\right)$

(5) $4-2+(-5)$ (6) $\dfrac{1}{6}-\left(+\dfrac{2}{3}\right)-\left(-\dfrac{1}{4}\right)$

            〈香川県〉

確認

→ **3**(5)(6)
3つ以上の数の加減
かっこのない式になおし
て計算する。
例 $(+3)-(-4)-(+10)$
$=(+3)+(+4)+(-10)$
$=3+4-10=-3$

---

4 次の計算をしなさい。

(1) $(+9)\times(+2)$ (2) $4\times(-6)$

(3) $-15\times\dfrac{3}{10}$ (4) $(-2)\times(+7)\times(-5)$

          〈佐賀県〉

(5) $2^3\times\left(-\dfrac{3}{4}\right)$ (6) $-4^2\times(-3^2)$

          〈長野県〉

確認

→ **4**(4)
3つ以上の数の積の符号
積の符号は，負の数が偶
数個のときは＋，奇数個
のときは－
例 $(+4)\times(-3)\times(-6)$
$=+(4\times3\times6)=+72$

5　次の計算をしなさい。

(1)　$(-54) \div (-9)$

(2)　$(-12) \div 3$

〈栃木県〉

(3)　$\dfrac{3}{10} \div (-9)$

(4)　$\dfrac{3}{4} \div \left(-\dfrac{9}{2}\right)$

〈鳥取県〉

(5)　$-3^2 \div \left(-\dfrac{3}{5}\right)$

(6)　$\dfrac{5}{12} \div \left(-\dfrac{1}{4}\right)^2$

 6　次の計算をしなさい。

(1)　$8 + 3 \times (-2)$

〈富山県〉

(2)　$6 - 4 \div (-2)$

〈18 埼玉県〉

(3)　$-5 \times (3-6)$

(4)　$3^2 - 2^2$

〈駿台甲府高(山梨)〉

(5)　$(-12) \times \dfrac{1}{9} + \dfrac{5}{3}$

〈山梨県〉

(6)　$\left(\dfrac{3}{4} - 2\right) \div \dfrac{5}{6}$

〈香川県〉

(7)　$3 + 3^4 \div (-9)$

〈大分県〉

(8)　$2 - \left(-\dfrac{3}{4}\right) \times (-4)^2$

(9)　$\{9 - (27-29)\} \times 1.5$

(10)　$-4^2 \times \left(\dfrac{5}{2} - \dfrac{2}{3}\right) \div \dfrac{11}{9}$

7　次の問いに答えなさい。

(1)　次の表は，生徒 A から生徒 J までの生徒 10 人が 1 か月に読んだ本の冊数を調べ，整理したものです。平均値が 3.6 冊であるとき，□ にあてはまる数を求めなさい。

〈宮崎県〉

生徒	A	B	C	D	E	F	G	H	I	J
読んだ本の冊数(冊)	3	4	7	2	□	1	6	0	5	4

 (2)　次の表は，あるお店の月曜日から金曜日までの 5 日間のお客の人数を，40 人を基準にして，それより多い場合を正の数，少ない場合を負の数で表したものです。このとき，次の問いに答えなさい。

〈三重県〉

曜日	月	火	水	木	金
基準との差(人)	+5	-7	+2	-3	+13

①　お客の人数が最も多い日は，最も少ない日より何人多いか，求めなさい。

②　5 日間のお客の人数の平均を求めなさい。

確認

→ 5

除法と逆数

正負の数でわることは，その数の逆数をかけることと同じである。

例　$\div 2 \to \times \dfrac{1}{2}$

$\div \dfrac{3}{4} \to \times \dfrac{4}{3}$

ミス注意

→ 5(4)

逆数の求め方

$-\dfrac{9}{2}$ の逆数は $-\dfrac{2}{9}$ であり，$\dfrac{2}{9}$ のように，符号まで逆にして答えないようにする。逆数ともとの数は，同符号である。

確認

→ 7

平均

いくつかの数量を，等しい大きさになるようにならしたもの。

(平均) = (合計) ÷ (個数)

ヒント

→ 7(2)

基準との差から平均を求める

(平均) = (基準)
　　＋(基準との差の平均)

1　正の数・負の数

2　文字と式

3　整数の性質

4　式の計算

5　多項式

6　平方根

入試レベルの問題で力をつけよう。

1 次の問いに答えなさい。

(1) $-\dfrac{7}{3}$と$\dfrac{9}{4}$の間には，整数は何個あるか，答えなさい。

(2) A市におけるある日の最高気温と最低気温の温度差は19℃でした。この日のA市の最高気温は15℃でした。最低気温は何℃ですか。求めなさい。 〈滋賀県〉

(3) 次の _____ の中に正しい答えを入れなさい。
1から9までの9個の整数の中から3個選ぶとき，どの2つの差も絶対値が3以上となるような選び方は _____ 通りある。 〈大阪星光学院高（大阪）〉

(4) aが正の数，bが負の数であるとき，次の5つの数を大きい順に並べた場合，4番目に大きい数はどれですか。ア～オの記号で答えなさい。
ア a イ b ウ $a+b$ エ $a-b$ オ $b-a$

 2 次の計算をしなさい。

(1) $(-6^2)\div 12$ 〈長野県〉 (2) $\left(-\dfrac{2}{3}\right)^2$ 〈大阪府〉

(3) $-6\div 3^2\times 2$ 〈宮城県〉 (4) $\dfrac{5}{12}\div\left(-\dfrac{25}{3}\right)\times(-3)^2$

(5) $4\div(-3)^2\times(-6)\div(-8)$ (6) $-\dfrac{1}{3^2}\div(-2^2)\times(-6)^2$

〈和洋国府台女子高（千葉）〉 〈日本大第三高（東京）〉

3 次の計算をしなさい。

(1) $(-3)\times 4-(-6)\times 4$ 〈茨城県〉 (2) $-\dfrac{1}{3}+\dfrac{11}{12}-\dfrac{1}{18}\div\dfrac{2}{9}$ 〈都立産業技術高専〉

(3) $(-2)^3\div 4-3^2$ 〈大分県〉 (4) $7-\left(-\dfrac{3}{4}\right)\times(-2)^2$ 〈千葉県〉

(5) $(-4)^2\div 2+(-12)\times\dfrac{3}{2}$ (6) $-3^2+\left(\dfrac{1}{2}-\dfrac{1}{3}\right)\div\left(-\dfrac{1}{3}\right)^2$ 〈明治学院高（東京）〉

4 次の計算をしなさい。

(1) $\{4^2+(-3)^2\}\div(-7-2^3)\times\dfrac{3}{5}$

〈福岡大附大濠高（福岡）〉

(2) $\left(\dfrac{3}{17}+\dfrac{4}{3}\right)\div\left\{\dfrac{5}{2}+0.6\div\left(1.5-\dfrac{1}{5}\right)\right\}$

〈中央大杉並高（東京）〉

(3) $-\dfrac{5}{8}+\left(-\dfrac{1}{3}\right)^3\times\left(\dfrac{9}{4}\right)^2+\dfrac{3}{32}$

〈青雲高（長崎）〉

(4) $\left(\dfrac{1}{18}-\dfrac{5}{12}\right)^2\div\dfrac{13}{6^2}-\left(\dfrac{5}{6}\right)^2$

〈函館ラ・サール高（北海道）〉

(5) $\left\{\dfrac{1}{2}\div0.25-\left(-\dfrac{3}{4}\right)^2\right\}\times\left(1-\dfrac{7}{23}\right)$

〈法政大高（東京）〉

(6) $\{2^3\div(-5)^3\}\times\{5^2\div(-2)^2\}+\left(\dfrac{5}{2}-\dfrac{2}{5}\right)\div\left(\dfrac{2}{5}-\dfrac{5}{2}\right)$

5 次の問いに答えなさい。

(1) $\dfrac{1}{42}=\dfrac{1}{6\times7}=\dfrac{1}{6}-\dfrac{1}{7}$ であることを用いて，$\dfrac{1}{42}+\dfrac{1}{56}+\dfrac{1}{72}+\dfrac{1}{90}$を計算しなさい。

(2) 次のア〜エのうち，2つの自然数（しぜんすう）a，bを用いた計算の結果が，<u>自然数になるとはかぎらないもの</u>はどれですか。1つ選んで，その記号を書きなさい。

〈香川県〉

ア $a+b$ イ $a-b$ ウ ab エ $2a+b$

(3) 右の図のように，自然数を1から順に規則的（きそくてき）に並べていきます。縦，横に並んでいる自然数の個数がどちらも10個になったとき，最も大きい自然数は何ですか。また，その自然数は1からみて，上下，左右で考えるとどの位置にありますか。例えば，「右上」のように答えなさい。

```
17 18 19 20 21
16  5  6  7  ・
15  4  1  8  ・
14  3  2  9  ・
13 12 11 10  ・
```

(4) Aさんは数学のテストを5回受けたところ，1回目は74点でした。下の表は，2回目から5回目までに受けた数学のテストの得点について，それぞれの1回前の得点を基準にして，1回前よりも高いときは正の数，低いときは負の数で表したものです。表のように，3回目の得点は不明ですが，1回目から5回目までの得点の平均は75点であることがわかっています。このとき，5回目のテストの得点を求めなさい。

回	1回目	2回目	3回目	4回目	5回目
得点		+3		−5	−3

1 正の数・負の数

2 文字と式

3 整数の性質

4 式の計算

5 多項式

6 平方根

文字と式

➡ 解答は別冊005ページ

STEP01　要点まとめ

00 　にあてはまる数や記号・式を書いて，この章の内容を確認しよう。

最重要ポイント

文字を使った式………………乗法は記号×を省く。除法は記号÷は使わず，分数の形で書く。同じ文字の積は累乗の指数を使って表す。

代入…………………………式の中の文字を数におきかえること。

式の加減……………………＋（　）はそのままかっこをはずす。−（　）は各項の符号を変えてかっこをはずす。

項が1つの式と数の乗除……数どうしの積・商に文字をかける。

1 文字を使った式

● 文字式の表し方

❶ $y×(−3)×x$ を，文字式の表し方にしたがって表しなさい。

▶▶▶ 数を文字の前に，**文字はアルファベット順**にして，× の記号をはぶく。

$y×(−3)×x=(_{01}$　　　$)×_{02}$　　　$×_{03}$　　　$=_{04}$

● 式の値

❷ $x=−5$ のとき，$x+x^2$ の値を求めなさい。　▶▶▶ 負の数は，かっこをつけて代入する。

$x+x^2=(_{05}$　　　$)+(_{06}$　　　$)×(_{07}$　　　$)=_{08}$

> **!注意**
> $x+x^2=−5−5×5=−30$ ではない。

2 数量の表し方

❸ 1本60円の鉛筆を a 本，1本90円の色鉛筆を b 本買ったときの代金の合計を，文字を使った式で表しなさい。　▶▶▶ まず，ことばの式をつくり，その式に文字や数をあてはめる。

（代金の合計）＝（鉛筆の代金）＋（色鉛筆の代金）で，（代金）＝（単価）×（個数）より，

$60×_{09}$　　　$+90×_{10}$　　　$=_{11}$　　　　　　（円）

④ 定価 x 円のおにぎりを定価の 3 割引きで買ったときの代金を，文字を使った式で表しなさい。▶▶▶（比べられる量）＝（もとにする量）×（割合）の式を用いる。

3 割引きにあたる割合は $1-_{12}$ ⬚ $=_{13}$ ⬚ だから，

代金は，$x×_{14}$ ⬚ $=_{15}$ ⬚ （円）⬆p 割は $0.1p$ だから，p 割引きは $1-0.1p$ となる。

③ 1 次式の計算

⑤ $4x-7-2x+6$ ▶▶▶文字の項どうし，数の項どうしをそれぞれまとめる。

$4x-7-2x+6=4x-2x-7+6=(4-_{16}$ ⬚ $)x-7+_{17}$ ⬚ $=_{18}$ ⬚

⑥ $6x×(-4)$ ▶▶▶数どうしの積を求め，それに文字をかける。

$6x×(-4)=6×(_{19}$ ⬚ $)×x=_{20}$ ⬚ ←答えの式の係数は，もとの式の係数と数の乗除になり，文字の部分は変わらない。

⑦ $3(x-6)+2(3x-5)$

▶▶▶分配法則でかっこをはずし，文字の項，数の項をそれぞれまとめる。

$3(x-6)+2(3x-5)=_{21}$ ⬚ $-18+_{22}$ ⬚ $-_{23}$ ⬚

$=(3+_{24}$ ⬚ $)x-18-_{25}$ ⬚ $=_{26}$ ⬚

POINT 分配法則
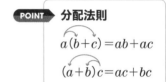

④ 1 次式の計算の利用

⑧ $x=-1$ のとき，$5(x-3)-2(x-6)$ の値を求めなさい。

▶▶▶式を簡単にしてから，数を代入する。

$5(x-3)-2(x-6)=_{27}$ ⬚ $-15-_{28}$ ⬚ $+12=_{29}$ ⬚

この式に $x=-1$ を代入すると，$3×(_{30}$ ⬚ $)-3=_{31}$ ⬚ ←直接，代入しても求められるが，式が複雑になり，ミスしやすい。

⑤ 関係を表す式

⑨ 100 枚の画用紙を 20 人の生徒に 1 人 a 枚ずつ配ったら，b 枚余りました。この数量の間の関係を，等式で表しなさい。▶▶▶全部の枚数（100 枚）を，a，b の式で表す。

（全部の枚数）＝（1 人あたりに配る枚数）×（人数）＋（余った枚数）より，

$100=_{32}$ ⬚ $×20+_{33}$ ⬚ ，すなわち $100=_{34}$ ⬚

⑩ xm の道のりを分速 60m で歩いたら，y 分かかりませんでした。この数量の間の関係を，不等式で表しなさい。▶▶▶かかった時間と y の関係を不等号を使って表す。

（かかった時間）＝（道のり）÷（速さ）だから，

（かかった時間）$<y$ で，$x÷_{35}$ ⬚ $<y,$

すなわち ⬚ $<y$
$_{36}$

⬇❗注意
わり算は分数の形で表す。

POINT 不等号（≧，≦，＞，＜）

● a は b 以上 ➡ $a≧b$，$b≦a$

● a は b より大きい ➡ $a>b$，$b<a$

● a は b 以下 ➡ $a≦b$，$b≧a$

● a は b より小さい ➡ $a<b$，$b>a$

学習内容が身についたか，問題を解いてチェックしよう。

1️⃣ 次の式を，文字式の表し方にしたがって表しなさい。

(1) $a \times a \times (-2) \times a$

(2) $(x-y) \div 3$

(3) $-3 \times x - y \div 2$

(4) $x \times x + y \times y \times (-0.1)$

2️⃣ 次の問いに答えなさい。

(1) $a=2$ のとき，$6a-4$ の値を求めなさい。 〈大阪府〉

(2) $x=-3$ のとき，$-2x^2$ の値を求めなさい。

(3) $x=-\dfrac{2}{3}$ のとき，x^2-9x の値を求めなさい。

3️⃣ 次の問いに答えなさい。

(1) 十の位の数が a，一の位の数が b の2けたの自然数を a，b を使って表しなさい。

(2) 500mL のジュースを x 人で同じ量だけ分けたときの1人分のジュースの量を x を使って表しなさい。

(3) 濃度7%の食塩水 $a\,g$ の中にふくまれている食塩の重さを，a を使った式で表しなさい。

よく出る (4) 家から図書館に向かって自転車で一定の速さで x 分間走りましたが，図書館に到着しませんでした。家から図書館までの道のりが $y\,m$，自転車で進む速さが毎分210m であるとき，残りの道のりは何 m ですか。x，y を使った式で表しなさい。 〈愛知県〉

4️⃣ 次の計算をしなさい。

(1) $\dfrac{3}{4}x - \dfrac{1}{2}x$ 〈栃木県〉

(2) $7x - 2x - 5x$

(3) $-4x + 8 - x - 5$

(4) $(6a-5) + (-7a+4)$

(5) $(3x+2) - (x-4)$ 〈沖縄県〉

(6) $(9-4y) - (-5y+2)$

確認

→ 1️⃣
文字式の表し方
● 同じ文字の積は累乗の指数を使って表す。
　例 $a \times a \times a = a^3$
● 記号÷を使わず，分数の形で書く。

確認

→ 2️⃣(2)
式の値
$-2x^2 = -2 \times x \times x$ と表してから，数を代入する。負の数を代入するときは，かっこをつける。

ヒント

→ 3️⃣
数量の表し方
(2)(1人分の量)
＝(全部の量)÷(人数)
(3)(食塩の重さ)
＝(食塩水の重さ)
　　　×(濃度)
(4)(道のり)
＝(速さ)×(時間)

ミス注意

→ 4️⃣(5)
−( )をはずすとき，後ろの項の符号を変えるのを忘れやすい。
$-(x-4) = -x \times 4$ としないように注意する。

5 次の計算をしなさい。

(1) $6a \times (-3)$

(2) $18x \div \left(-\dfrac{2}{3}\right)$

〈16 埼玉県〉

(3) $-5(x-2)$

(4) $(28a-14) \div (-7)$

(5) $2(a+5)+(7a-8)$

〈山口県〉

(6) $4(2x-1)-3(2x-3)$

〈鳥取県〉

(7) $\dfrac{2x-7}{4}+\dfrac{x-3}{3}$

(8) $\dfrac{5x+3}{3}-\dfrac{3x+2}{2}$

〈愛知県〉

 6 次の数量の関係を等式または不等式で表しなさい。

(1) a 本の鉛筆を，5 本ずつ b 人に配ると 3 本余る。

〈青森県〉

(2) 水が 200L 入った浴槽から，毎分 aL の割合で水をぬく。水をぬき始めてから 3 分後の浴槽の水の量は bL より少なかった。

〈茨城県〉

(3) 底辺の長さが $x$cm，高さが $y$cm の平行四辺形の面積は Scm^2 である。

(4) 時速 4km で a 時間歩いたときの道のりは，9km 未満であった。

〈富山県〉

7 次の問いに答えなさい。

(1) $A=5x-6$，$B=x-\dfrac{x-3}{4}$ のとき，$3A-B$ を計算しなさい。

(2) $x=-\dfrac{1}{5}$ のとき，$\dfrac{2}{3}(12-9x)-\dfrac{2}{5}(10x+25)$ の値を求めなさい。

 8 下の図のように，1 辺の長さが 5cm の正方形の紙 n 枚を，重なる部分がそれぞれ縦 5cm，横 1cm の長方形となるように，1 枚ずつ重ねて 1 列に並べた図形を作ります。正方形の紙 n 枚を 1 枚ずつ重ねて 1 列に並べた図形の面積を n を使って表しなさい。

〈三重県〉

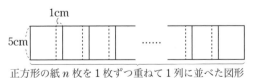

正方形の紙 n 枚を 1 枚ずつ重ねて 1 列に並べた図形

1 正の数・負の数

2 文字と式

3 整数の性質

4 式の計算

5 多項式

6 平方根

ヒント

→ **6**

等式，不等式

(1)(全部の数)
　=(1 人に配る数)×(人数)
　　　　＋(余る数)

(2)(4)「x は y より少ない」，または「x は y 未満である」という関係は，不等式 $x<y$ で表す。

ミス注意

→ **7**

複雑な式の値

●式を代入するとき，式全体にかっこをつけて代入する。特に，うしろの式にかっこをつけないミスが多い。

(1) $3A-B$
　$=3(5x-6)-x\times\dfrac{x-3}{4}$

(2) $\dfrac{2}{3}\left\{12-9\times\left(-\dfrac{1}{5}\right)\right\}$
　　$-\dfrac{2}{5}\left\{10\times\left(-\dfrac{1}{5}\right)+25\right\}$

のように，直接 x の値を代入すると，式が複雑になり，ミスしやすい。

ヒント

→ **8**

正方形の紙が 2 枚，3 枚，…のとき，横の長さは，
5×2-1(cm)，
5×3-2(cm)，…となる。
このことから，n 枚のときの横の長さを n を使った式で表す。

入試レベルの問題で力をつけよう。

1 次の問いに答えなさい。

(1) $a=-3$ のとき，a^2-2a の値を求めなさい。 〈鳥取県〉

(2) $x=7$，$y=-5$ のとき，$(y+2x)^2$ の値を求めなさい。

(3) $a=2$，$b=-1$ のとき，a^2-2b の値を求めなさい。 〈宮城県〉

2 次の問いに答えなさい。

(1) 男子 20 人，女子 16 人のクラスでテストを行ったところ，男子の平均点が x 点で，女子の平均点が y 点でした。このクラスのテストの合計点は何点ですか。x, y を使った式で表しなさい。 〈愛知県〉

(2) あるスーパーでは，通常，袋に 300g のお菓子をつめて販売しています。今日は特売日で，通常の重さの a％増しで売っています。特売日におけるお菓子の重さを，a を使った式で表しなさい。

(3) ある美術館では，中学生 1 人の入館料は x 円で，大人 1 人の入館料は y 円です。このとき，$4x+2y$(円)はどんな数量を表しているか答えなさい。

3 次の計算をしなさい。

(1) $\dfrac{1}{4}a-\dfrac{5}{6}a+a$ 〈滋賀県〉

(2) $\dfrac{7x+2}{3}+x-3$ 〈高知県〉

(3) $(0.4x+3)+(0.9x-6)$

(4) $(15a-6b-9)\div(-3)$

(5) $\dfrac{1}{2}(3x-6)-\dfrac{1}{6}(12x-7)$

(6) $\dfrac{3x+2}{4}-\dfrac{5x-7}{2}+\dfrac{8x-13}{3}$

4 次の数量の関係を不等式で表しなさい。

(1) 重量の制限が 500kg のエレベーターに，体重が 75kg の人 1 人と 1 個 20kg の荷物 a 個を，すべて乗せて移動することができた。

(2) $x$cm のリボンから 15cm のリボンを a 本切り取ることができる。　　　　　　　〈愛知県〉

(3) a ページの小説を毎日 15 ページずつ読んでいたが，b 日間では，全体の半分も読み終わらなかった。

5 同じ大きさの立方体の積み木があります。このとき，次の問いに答えなさい。　　〈沖縄県〉

(1) 積み木を，**図1**のように □1 は 1 個，□2 は 3 個，□3 は 5 個，…と規則的においていきます。□5 を作るときに必要な積み木の個数を求めなさい。

図1

□1　　　　□2　　　　　　□3　　　……

(2) 次の**図2**のように，**図1**の積み木を
　　1段は□1の 1 段
　　2段は□1と□2の 2 段
　　3段は□1と□2と□3の 3 段
　　　　　　⋮
と規則的に積み上げます。

図2

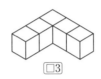

□1　　　　□1　　　　　□1
　　　　　　□2　　　　　□2　　……
1段　　　　2段　　　　　□3
　　　　　　　　　　　　3段

このとき，次の問いに答えなさい。

① 5段を作るときに必要な積み木の個数を求めなさい。

② n 段を作るときに必要な積み木の個数を，文字式の表し方にしたがって n を使った式で表しなさい。

③ 積み木が全部で 2018 個あるとき，最大 ア 段まで積み上げることができ，イ 個余る。ア，イ にあてはまる数を求めなさい。

整数の性質

→ 解答は別冊007ページ

STEP01 要点まとめ

00 にあてはまる数や記号・式を書いて，この章の内容を確認しよう。

最重要ポイント

素因数分解……………………12＝$2^2 \times 3$ のように，自然数を素因数だけの積で表すこと。

公約数，最大公約数………いくつかの整数に共通な約数（いくつかの整数をすべてわり切る整数）を，それらの数の公約数，公約数のうちで最大のものを最大公約数という。

公倍数，最小公倍数………いくつかの整数に共通な倍数を，それらの数の公倍数，公倍数のうちで最小のものを最小公倍数という。

1 整数の性質

1 2けたの自然数のうち，4の倍数は何個ありますか。

▶▶▶ 1以上99以下の4の倍数の個数から，1以上9以下の4の倍数の個数をひく。

$99 \div 4 =$ 01 余り3だから，1以上99以下の4の倍数の個数は 02 個。

$9 \div 4 =$ 03 余り1だから，1以上9以下の4の倍数の個数は 04 個。

したがって，求める4の倍数の個数は 05 ─ 06 ＝ 07 （個）

2 36を素因数分解しなさい。

▶▶▶ 36を2，3などの小さい素数から順にわっていき，商が素数になったら，わり算をやめて，わった数と最後の商を積の形で表す。

$$
\begin{array}{r}
08 \quad \overline{)36} \\
2\overline{)18} \\
3\overline{)\,9} \\
\hline
09
\end{array}
$$

POINT 素数

1とその数のほかに約数をもたない数のこと。1は素数ではない。

右のわり算より，$36 = 2^2 \times$ 10

3 1008の約数の個数を求めなさい。

▶▶▶ 1008を素因数分解する。$a^x \times b^y \times c^z \times \cdots$ の約数の個数は，$(x+1) \times (y+1) \times (z+1) \times \cdots$（個）

$1008 = 2^4 \times 3^2 \times$ 11 だから，1008の約数の個数は，

$(4+1) \times ($ 12 $+1) \times (1+1) =$ 13 （個）

↑x ↑y ↑z

⚠注意

1008の約数の個数は，$4 \times 2 \times 1 = 8$（個）ではない。

4 90 にできるだけ小さい自然数をかけて、ある整数の 2 乗になるようにします。どんな数をかければよいですか。

▶▶▶素因数の累乗の指数がすべて偶数になるような数をかけると、(ある整数)^2 になる。

POINT ▶ **指数法則**
- $(a^m)^n = a^{m \times n}$
- $(ab)^n = a^n b^n$
- $a^m \times a^n = a^{m+n}$

90 を素因数分解すると、$90 = 2 \times 3^2 \times {}_{14}$　　だから、これに

$2 \times {}_{15}$　　　をかけると、

$(2 \times 3^2 \times 5) \times (2 \times {}_{16}$　　$) = 2^2 \times 3^2 \times 5^2 = (2 \times 3 {}_{17}$　　$)^2 = 30^2$ になる。

したがって、かける数は、$2 \times {}_{18}$　　$= {}_{19}$

2 公約数と公倍数

5 60, 105 の最大公約数を求めなさい。

▶▶▶2 つの数に共通な素因数でわっていき、わった素因数をかけ合わせる。

```
 20    )60     105
     5)20      35
  21          7
```

最大公約数は、${}_{22}$　　　$\times 5 = {}_{23}$

> ⚠ **注意**
> 2 つの数に共通な素因数の積に、最後に残った数をかけてはいけない。
> 最小公倍数の求め方との違いに注意する。

6 60, 90 の最小公倍数を求めなさい。

▶▶▶2 つの数に共通な素因数でわっていき、わった素因数と最後に残った素因数をかけ合わせる。

```
      2)60      90
 24    )30      45
      5)10      15
        2    25
```

最小公倍数は、$2 \times {}_{26}$　　　$\times 5 \times 2 \times 3 = {}_{27}$

7 縦 56cm、横 96cm の長方形の床があります。この床を同じ大きさの正方形のタイルで、すき間なくしきつめたいと思います。できるだけ大きなタイルにするには、1 辺が何 cm の正方形のタイルにすればよいですか。

▶▶▶「縦、横の 2 数の最大公約数」を 1 辺にもつ正方形とすればよい。

56 を素因数分解すると、$56 = 2^3 \times {}_{28}$

96 を素因数分解すると、$96 = 2^5 \times {}_{29}$

よって、56, 96 の最大公約数は $2^3 = {}_{30}$

したがって、求める正方形の 1 辺の長さは、${}_{31}$　　　　cm

1 正の数・負の数
2 文字と式
3 整数の性質
4 式の計算
5 多項式
6 平方根

学習内容が身についたか，問題を解いてチェックしよう。

よく出る □1 次の問いに答えなさい。

(1) 3けたの自然数のうち，4の倍数の個数を求めなさい。

(2) 3けたの自然数のうち，12の倍数の個数を求めなさい。

(3) 3けたの自然数のうち，4の倍数であって，12の倍数でないものの個数を求めなさい。

□2 次の数を素因数分解しなさい。

(1) 24

(2) 90

〈島根県〉

(3) 100

(4) 540

〈専修大附高（東京）〉

よく出る □3 次の問いに答えなさい。

(1) 75にできるだけ小さい自然数をかけて，ある整数の2乗になるようにするとき，どんな数をかければよいか求めなさい。

(2) $460-20n$ の値が，ある自然数の2乗となるような自然数 n の値をすべて求めなさい。

〈大分県〉

(3) 135をできるだけ小さい自然数でわって，ある整数の2乗になるようにするとき，どんな数でわればよいか求めなさい。

□4 次の各組の数の最大公約数を求めなさい。

(1) 28，70

(2) 144，162

(3) 90，120，210

(4) $2^3 \times 3 \times 5$，$2^2 \times 3^3 \times 7$

1 正の数・負の数

2 文字と式

3 整数の性質

4 式の計算

5 多項式

6 平方根

5 次の問いに答えなさい。

(1) ある自然数 x で 89 をわっても 125 をわっても，余りが 17 となります。この自然数 x をすべて求めなさい。

(2) ある自然数 x で 58 をわると 4 余り，この自然数で 88 をわると 7 余ります。この自然数 x をすべて求めなさい。

6 次の各組の数の最小公倍数を求めなさい。

(1) 18，45

(2) 36，48

(3) 32，42，60

(4) $2 \times 3^2 \times 5$，$3^2 \times 7 \times 11$

7 次の問いに答えなさい。

(1) 10 でわっても 15 でわっても，3 余る 2 けたの自然数をすべて求めなさい。

(2) 3 つの整数 4，6，9 のどの数でわっても 1 余る 2 けたの自然数をすべて求めなさい。

(3) 360 の約数で，6，8 の公倍数である 2 けたの自然数をすべて求めなさい。

8 次の問いに答えなさい。

(1) 縦 120cm，横 144cm の長方形の床に 1 辺の長さが $a$cm の正方形のマットをすき間なくしきつめたいと思います。しきつめるマットの大きさをできるだけ大きくするには，a の値をいくつにすればよいか求めなさい。

(2) 縦 42cm，横 90cm の長方形のタイルがたくさんあります。このタイルを縦横同じ向きにすき間なくしきつめて正方形を作るとき，最も小さい正方形の 1 辺の長さは何 cm になるか求めなさい。

ヒント

→ 5
公約数の利用
2 つの数から余りの分だけひけば，2 つの数とも x でわり切れるのだから，x はその 2 つの数の公約数である。

確認

→ 6
最小公倍数
最小公倍数を求めたい数を横に並べて書き，2 つ以上の数に共通な素因数で順にわっていき，わり切れない数は下に書く。わった素因数と最後に残った商の積を求める。

ヒント

→ 7 (1)
公倍数の利用
10，15 でわってわり切れる数を考え，それに 3 をたした数で 2 けたのものを求める。

ヒント

→ 8
問題文を次のキーワードに着目して読み取る。
(1)「できるだけ大きく」
…2 つの数の最大公約数を考える。
(2)「最も小さい」
…2 つの数の最小公倍数を考える。

STEP03 実戦問題 → 解答は別冊009ページ

入試レベルの問題で力をつけよう。

1 次の問いに答えなさい。

(1) 3^{2019} の一の位の数を求めなさい。 〈立命館高（京都）〉

(2) 2016 を素因数分解しなさい。 〈専修大附高（東京）〉

(3) 素因数分解を利用して，225 の約数をすべて求めなさい。

(4) 1872 の約数の個数を求めなさい。

(5) 16 から 30 までの整数のうち，約数の個数が 8 個である数をすべて求めなさい。

(6) ある自然数を素因数分解すると，$2^5 \times 3^4 \times 5^3 \times 7^2$ となりました。この自然数の正の約数のうち，一の位が 1 となるものをすべて求めなさい。 〈同志社高（京都）〉

2 次の問いに答えなさい。

(1) $\dfrac{60}{2n+1}$ が整数となるような自然数 n をすべて求めなさい。 〈16 埼玉県〉

思考力
(2) n を自然数とするとき，$\dfrac{n+110}{13}$ と $\dfrac{240-n}{7}$ の値がともに自然数となる n の値をすべて求めなさい。求め方も書くこと。 〈大阪府〉

(3) $\dfrac{n}{28}$ が整数になり，$\dfrac{2016}{n}$ が素数となるような，最も小さい自然数 n の値を求めなさい。

〈中央大杉並高（東京）〉

1

正の数・負の数

2

文字と式

3

整数の性質

4

式の計算

5

多項式

6

平方根

3 次の問いに答えなさい。

(1) 自然数 a と 48 の最大公約数が 12 で，最小公倍数が 144 であるとき，a の値を求めなさい。

(2) 2 つの整数 A，$B(A>B)$ があり，A と B の最小公倍数が 1134，A と B の最大公約数が 27 です。$A-B$ が最小となるように，A の値を求めなさい。　〈法政大高（東京）〉

(3) 次の□□に適する数を記入しなさい。　〈愛光高（愛媛）〉
7 でわると 3 余り，4 でわると 1 余る自然数を小さいほうから順に並べるとき，いちばん小さい数は ア であり，2019 以下に イ 個ある。

4 次の問いに答えなさい。

(1) n は正の整数とします。$1×2×3×\cdots×49×50$ が 5^n でわり切れるとき，n の最大の値を求めなさい。　〈明治学院高（東京）〉

(2) 1 から 100 までの自然数の積 $1×2×3×\cdots×100$ を計算したとき，その末尾には 0 が連続して何個並びますか。

(3) n を自然数とするとき，1 から n までのすべての自然数の積を $n!$ で表します。例えば，
$1!=1$，$2!=1×2$，$3!=1×2×3$，$4!=1×2×3×4$ です。このとき，
$1!+2!+3!+4!+5!+\cdots+18!+19!+20!$ を計算した結果の末尾 2 けたの数を求めなさい。
ただし，末尾 2 けたの数とは，1234 の場合は 34，108 の場合は 08，のことです。　〈巣鴨高（東京）〉

5 x は 10 から 2017 までの自然数とします。この x のそれぞれの位の数の積を〈x〉で表します。例えば，〈29〉$=2×9=18$，〈773〉$=7×7×3=147$ です。このとき，次の問いに答えなさい。

〈函館ラ・サール高（北海道）〉

(1) 〈2017〉の値を求めなさい。

(2) 〈x〉$=7$ となる x は全部で何個ありますか。

(3) 〈x〉$=6$ となる x は全部で何個ありますか。

4 式の計算

数と式

STEP01 要点まとめ

➡ 解答は別冊011ページ

00 にあてはまる数や記号・式を書いて, この章の内容を確認しよう。

最重要ポイント

単項式の次数………… かけ合わされている文字の個数。

多項式の次数………… 各項の次数のうち最も大きいもの。

同類項………………… 多項式で, 同じ文字が同じ個数だけかけ合わされている項どうし。

多項式の加減………… ＋(　　　)は, そのままかっこをはずす。－(　　　)は, かっこ内
の各項の符号を変えてかっこをはずす。

数と多項式の乗除…… 乗法は, 分配法則を使って, 数を多項式のすべての項にかける。
除法は, わる数の逆数をかけて計算する。

1 単項式と多項式

1 多項式 $3x^2-2x-5$ の項を答えなさい。 ▸▸▸単項式の和の形に表す。

$3x^2-2x-5=3x^2+(_{01}\quad)+(_{02}\quad)$ だから, 項は, $3x^2$, $_{03}\quad$, -5

2 単項式 $4a^2b^3c$ の次数を答えなさい。 ▸▸▸×の記号を使った式になおして調べる。

$4a^2b^3c=4\times a\times_{04}\quad\times b\times b\times_{05}\quad\times_{06}\quad$ で, かけ合わされている文字の個数は

$_{07}\quad$ 個だから, 次数は $_{08}$

> ⚠注意
> 文字の種類が 3 種類あるから, 「次数は 3」とするのは間違い。

2 多項式の計算

3 $5x+6y-3x-2y$ ▸▸▸分配法則を使って, 同類項をまとめる。

$5x+6y-3x-2y=5x-_{09}\quad x+6y-_{10}\quad y$

$=(5-_{11}\quad)x+(6-_{12}\quad)y$

$=_{13}$

POINT 分配法則
$mx+nx=(m+n)x$

4 $(7x+3y)-(2x-4y)$ ▸▸▸ひくほうの多項式の各項の符号を変えて加える。

$(7x+3y)-(2x-4y)=7x+3y-_{14}\quad x+_{15}\quad y$

$=7x-_{16}\quad x+3y+_{17}\quad y=_{18}$

5 $-6(x-5y)$ ▶▶▶数を，多項式のすべての項にかける。

$$-6(x-5y)=-6\times_{19}\underline{\qquad}+(_{20}\underline{\qquad})\times(-5y)$$

$$=_{21}\underline{\qquad}$$

POINT ▶ **分配法則**

$$a(b+c)=ab+ac$$

6 $(12x^2-9x)\div3$ ▶▶▶わる数の逆数を多項式にかける。

$$(12x^2-9x)\div3=12x^2\times\underset{22}{\underline{\qquad}}+(_{23}\underline{\qquad})\times\frac{1}{3}=_{24}\underline{\qquad}$$

3 単項式の乗法と除法

7 $-4x\times(-xy)$ ▶▶▶係数の積に文字の積をかける。

$$-4x\times(-xy)=-4\times(\underset{25}{\underline{\qquad}})\times x\times x\times_{26}\underline{\qquad}=_{27}\underline{\qquad}$$

　　　　　　　　　　　↑$-xy$ の係数

8 $24xy\div(-6y)$ ▶▶▶わる式の逆数をかける乗法になおす。

$$24xy\div(-6y)=24xy\times\left(-\frac{1}{\underset{28}{\underline{\qquad}}}\right)=-\frac{24xy}{\underset{29}{\underline{\qquad}}}=_{30}\underline{\qquad}$$

4 文字式の利用

9 $x=-1$，$y=2$ のとき，$24x^2y\times y\div(-8xy)$ の値を求めなさい。

▶▶▶式を簡単にしてから，数を代入する。

$$24x^2y\times y\div(-8xy)=-\frac{24x^2y\times_{31}\underline{\qquad}}{\underset{32}{\underline{\qquad}}}=-3xy$$

!注意
直接，数を代入しても式の値を求められるが，式が複雑になり，ミスしやすい。

この式に $x=-1$，$y=2$ を代入すると，$-3\times(_{33}\underline{\qquad})\times_{34}\underline{\qquad}=_{35}\underline{\qquad}$

10 $3x-2y=4$ を y について解きなさい。

▶▶▶等式の性質を使って，（解く文字）＝〜の形に変形する。

$$3x-2y=4,\quad -2y=_{36}\underline{\qquad}+4,\quad y=\frac{37\underline{\qquad}}{2}x-2$$

POINT ▶ **等式の性質**

$A=B$ ならば，

● $A+C=B+C$

● $A-C=B-C$

● $A\times C=B\times C$

● $\dfrac{A}{C}=\dfrac{B}{C}$ （$C\neq0$ のとき）

5 整数の性質の説明

11 5 の倍数どうしの和は，5 の倍数になります。そのわけを説明しなさい。

▶▶▶2 つの 5 の倍数をそれぞれ文字式で表し，5×（整数）の形の式を導く。

m，n を整数とすると，2 つの 5 の倍数は，$5m$，$5_{38}\underline{\qquad}$ と表される。

2 つの 5 の倍数の和は，$5m+_{39}\underline{\qquad}=5(_{40}\underline{\qquad})$

!注意
2 つの 5 の倍数をともに $5m$ とおくのは，間違い。

$m+n$ は $_{41}\underline{\qquad}$ だから，$5(m+n)$ は 5 の倍数である。

したがって，5 の倍数どうしの和は，5 の倍数になる。

1 正の数・負の数

2 文字と式

3 整数の性質

4 式の計算

5 多項式

6 平方根

1 次の問いに答えなさい。

(1) 次の式は単項式, 多項式のどちらか答えなさい。

① $a+4$　　② $-x^2$　　③ $-a^2b+3ab-2b^2$　　④ $0.1x$

(2) 多項式 $x^2-\dfrac{x}{5}-\dfrac{2}{3}$ の項を答えなさい。

(3) 次の式の次数を答えなさい。

① $-a$　　② $6x^2$　　③ $a^2-7a+10$　　④ x^2-2xy^2

ミス注意
➡ **1**(3)
多項式の次数
③や④では, 各項の次数の和を求めて, それぞれ「次数3」,「次数5」などと答えてはいけない。多項式の次数は, 各項の次数のうちでもっとも大きいものである。

2 次の式の同類項をまとめて簡単にしなさい。

(1) $6x-3y-4x+7y$

(2) $3a^2-a+4a^2-5a$
〈大阪府〉

(3) $5xy+2x-9xy+8x$

(4) $\dfrac{2}{5}a-\dfrac{1}{3}b-a+\dfrac{5}{3}b$

ミス注意
➡ **2**
同類項
(2)で, $3a^2$ と $-a$ は, 文字は同じであるが, 次数が異なるので, 同類項ではない。したがって, まとめて簡単にすることはできない。

3 次の計算をしなさい。

(1) $(3a-7b)+(a+6b)$

(2) $(8a-2b)-(3a-2b)$
〈秋田県〉

(3) $7x+y-(5x-8y)$
〈熊本県〉

(4)
$$\begin{array}{r} a+3b-2 \\ -)\,a-\ b+4 \\ \hline \end{array}$$
〈青森県〉

(5) $-6(x-2y)$

(6) $(16x^2-12x-8)\div(-4)$

4 次の計算をしなさい。

(1) $4(2a+b)+(a-2b)$
〈北海道〉

(2) $-(2x-y)+3(-5x+2y)$
〈愛媛県〉

(3) $2(7x-4y)+6(6x-y)$

(4) $3(3a+4b)-2(4a-b)$
〈新潟県〉

(5) $(7x+y)-4\left(\dfrac{1}{2}x+\dfrac{3}{4}y\right)$
〈千葉県〉

(6) $\dfrac{x+y}{6}+\dfrac{2x-y}{3}$
〈熊本県〉

(7) $\dfrac{a+2b}{6}-\dfrac{a-b}{8}$

(8) $\dfrac{x+y}{2}+\dfrac{3x-y}{6}+x-y$

確認
➡ **4**
分配法則
● $a(b+c)=ab+ac$
このように, かっこの外の数をかっこの中のすべての項にかける。

ミス注意
➡ **4**(7)
分母を 24 で通分するとき,
$$\dfrac{a+2b}{6}-\dfrac{a-b}{8}$$
$$=\dfrac{4(a+2b)-3(\cancel{\times}a-b)}{24}$$
としないこと。

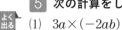

5 次の計算をしなさい。

(1) $3a \times (-2ab)$

(2) $(-5a)^2$

〈沖縄県〉

(3) $10ab \div (-2a)$

(4) $-12x^3 \div 3x^2$

〈岩手県〉

(5) $-16xy \div \dfrac{3}{4}x$

(6) $\dfrac{5}{6}xy^2 \div \left(-\dfrac{2}{3}xy\right)$

(7) $3a^2b \times 4ab \div (-2b)$

(8) $16a^2b \div (-10ab^2) \times 5b$

〈香川県〉

〈山梨県〉

(9) $18x^2y \times (-4x)^2 \div (3xy)^2$

(10) $-\dfrac{x^3}{18} \times (-2y)^2 \div \left(-\dfrac{2}{3}xy\right)^3$

〈中央大附高(東京)〉

6 次の式の値を求めなさい。

(1) $x=\dfrac{1}{5}$, $y=3$ のとき, $3(x-5y)-2(4x-7y)$ の値

〈秋田県〉

(2) $a=3$, $b=-4$ のとき, $(-ab)^3 \div ab^2$ の値

〈群馬県〉

7 次の等式を( )の中の文字について解きなさい。

(1) $5a+9b=2$ 〔b〕

(2) $y=\dfrac{x-7}{5}$ 〔x〕

〈宮城県〉

〈栃木県〉

(3) $V=\dfrac{abc}{4}$ 〔c〕

(4) $\ell=2a+2\pi r$ 〔a〕

8 次の問いに答えなさい。

(1) n を整数とするとき, 次の**ア~エ**の式のうち, その値がつねに奇数になるものはどれですか。1つ選び, 記号で答えなさい。 〈大阪府〉

ア $n+1$　　**イ** $2n$　　**ウ** $2n+1$　　**エ** n^2

(2) 8, 9, 10, 11, 12 の和は50で, 5の倍数です。このように, 連続する5つの整数の和は5の倍数になります。そのわけを説明しなさい。

(3) 4けたの自然数について, 下3けたが125の倍数ならば, その自然数は125の倍数になります。そのわけを説明しなさい。

ミス注意

→ 5(5)

$\dfrac{3}{4}x$ の逆数

$\dfrac{3}{4}x$ の逆数を $\dfrac{4}{3}x$ とするミスに注意する。単項式の逆数を求めるには, 1つの分数の形になおし, 分母と分子を入れかえる。

$\dfrac{3}{4}x=\dfrac{3x}{4}$ だから, 逆数は $\dfrac{4}{3x}$

確認

→ 6

やや複雑な式の値

はじめに文字に数を代入しても式の値は求められる。しかし, 式が複雑になり, 計算ミスをしやすい。式を簡単にしてから代入したほうが計算が楽になる場合が多い。

ミス注意

→ 8(3)

自然数の表し方

たとえば, 89は $10\times8+9$ だから, 十の位の数が a, 一の位の数が b の2けたの自然数は $10a+b$ と表される。ab としないこと。ab は $a\times b$ の意味である。千の位の数が a であり, 下3けたが125の倍数である4けたの自然数は $1000a+125n$(n は整数)と表される。

実戦問題 ➡ 解答は別冊014ページ

入試レベルの問題で力をつけよう。

 1 次の計算をしなさい。

(1) $2(2a-b)+(-a+2b)$
〈宮崎県〉

(2) $4(-x+3y)-5(x+2y)$
〈茨城県〉

(3) $\dfrac{2}{3}(5a-3b)-3a+4b$
〈千葉県〉

(4) $3(2x-y)-5(-x+2y)$
〈島根県〉

(5) $\dfrac{5x+2y}{6}+\dfrac{-4x+y}{8}$

(6) $\dfrac{3x^2-4x}{4}-\dfrac{-2x^2+6x}{7}$

(7) $\dfrac{x+y}{2}-\dfrac{3x-y}{6}+x-2y$
〈和洋国府台女子高(千葉)〉

(8) $\dfrac{5x-3}{3}-\dfrac{4x-9y}{6}+\dfrac{3y+4}{2}$
〈東京工業大附科技高(東京)〉

 2 次の計算をしなさい。

(1) $(-4x^2y)\div x^2\times 2y$
〈福島県〉

(2) $(-xy)^2\times 10xy^2\div 5x^2$
〈鳥取県〉

(3) $\dfrac{1}{3}x^2y\div\dfrac{5}{8}x\times(-6y)$

(4) $6a^4b^2\div(-2ab)^3\times\dfrac{4}{3}b^2$
〈都立産業技術高専〉

(5) $-2b^2\div\left(-\dfrac{3}{2}ab\right)^2\times a^2$
〈日本大第二高(東京)〉

(6) $\left(\dfrac{5}{2}xy^2\right)^3\div\dfrac{5}{8}x^2y^3\times\left(\dfrac{2}{5}xy\right)^2$
〈同志社高(京都)〉

(7) $\left(-\dfrac{2}{3}x^3y\right)^3\div\left(-\dfrac{1}{6}x^2y^3\right)^2\times\left(-\dfrac{3}{2}y\right)^5$
〈中央大杉並高(東京)〉

(8) $\left(\dfrac{bc^2}{2a^2}\right)^4\times\left(-\dfrac{2a^2b}{3}\right)^3\div\left(\dfrac{c}{6ab}\right)^2$
〈関西学院高等部(兵庫)〉

3 次の式の値を求めなさい。

(1) $x=-9$, $y=8$ のとき, $4(7x-6y)-10(2x-3y)$ の値

 (2) $ab^2=30$ のとき, $-(2ab)^4\times 3a^3b\div(-2a^2b)^3$ の値
〈洛南高(京都)〉

(3) $x=-2$, $y=5$ のとき, $\left(-\dfrac{x^2y^3}{3}\right)^3\div\left(\dfrac{x^3y^6}{2}\right)\div(-x^2y)^2$ の値
〈西大和学園高(奈良)〉

4 次の式を，〔　　〕の中の文字について解きなさい。

(1) $12x-3y=5(2x+3y)$ 〔y〕

(2) $a=\dfrac{3b-4c}{2}$ 〔c〕

〈日本大第三高（東京）〉

(3) $S=\dfrac{1}{2}h(a+b)$ 〔b〕

〈鳥取県〉

(4) $y=\dfrac{1}{2x-3}$ 〔x〕

思考力 (5) $\dfrac{1}{x}+\dfrac{1}{y}+\dfrac{1}{z}=0$ 〔x〕

難問 (6) $\dfrac{a(c-d)}{c+d}+\dfrac{b(c+d)}{c-d}=a+b$ 〔c〕

〈お茶の水女子大附高（東京）〉

5 次の問いに答えなさい。

(1) $-7x^2\times\left(-\dfrac{1}{3xy^2}\right)\div\boxed{}=\dfrac{7}{9}xy$ の$\boxed{}$にあてはまる式を求めなさい。

〈青雲高（長崎）〉

(2) 面積が$15\mathrm{cm}^2$の三角形の底辺の長さを$a\mathrm{cm}$，高さを$b\mathrm{cm}$とします。このとき，bをaの式で表しなさい。

〈高知県〉

(3) 自然数aを7でわると，商がbで余りがcとなりました。bをaとcを使った式で表しなさい。

〈香川県〉

思考力 6 右の図のように，運動場に大きさの違う半円と，同じ長さの直線を組み合わせて，陸上競技用のトラックをつくりました。直線部分の長さは$a\mathrm{m}$，もっとも小さい半円の直径は$b\mathrm{m}$，各レーンの幅は$1\mathrm{m}$です。また，もっとも内側を第1レーン，もっとも外側を第4レーンとします。ただし，ラインの幅は考えないものとします。なお，円周率はπとします。次の(1)，(2)に答えなさい。

〈和歌山県〉

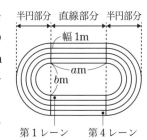

半円部分　直線部分　半円部分
幅 1m
$a\mathrm{m}$
$b\mathrm{m}$
第1レーン　第4レーン

(1) 第1レーンの内側のライン1周の距離を$\ell\mathrm{m}$とすると，ℓは次のように表されます。

$$\ell=2a+\pi b$$

この式を，aについて解きなさい。

(2) 図のトラックについて，すべてのレーンのゴールラインの位置を同じにして，第1レーンの走者が走る1周分と同じ距離を，各レーンの走者が走るためには，第2レーンから第4レーンのスタートラインの位置を調整する必要があります。第4レーンは第1レーンより，スタートラインの位置を何m前に調整するとよいか，説明しなさい。ただし，走者は，各レーンの内側のラインの20cm外側を走るものとします。

多項式

STEP01 要点まとめ ➡ 解答は別冊016ページ

00 にあてはまる数や記号・式を書いて, この章の内容を確認しよう。

最重要ポイント

乗法公式················① $(a+b)(c+d)=ac+ad+bc+bd$

② $(x+a)(x+b)=x^2+(a+b)x+ab$ 〔$x+a$ と $x+b$ の積〕

③ $(x+a)^2=x^2+2ax+a^2$ 〔和の平方〕

④ $(x-a)^2=x^2-2ax+a^2$ 〔差の平方〕

⑤ $(x+a)(x-a)=x^2-a^2$ 〔和と差の積〕

因数分解の公式········乗法公式を逆にみると, 因数分解の公式になる。

1 単項式と多項式の乗除

1 $-3x(x^2-2x+6)$ ▶▶▶単項式を, 多項式のすべての項にかける。

$$-3x(x^2-2x+6)=(-3x)\times x^2+(-3x)\times(_{01}\qquad)+(-3x)\times_{02}$$

$$=_{03}$$

! 注意

符号のミスに注意する。$-3x^3 \not= 6x^2-18x$ ではない。

2 $(8x^2y-6xy^2)\div 2xy$ ▶▶▶わる式の逆数をかける形になおす。

$$(8x^2y-6xy^2)\div 2xy=(8x^2y-6xy^2)\times\frac{1}{2xy}$$

$$=8x^2y\times\frac{1}{_{04}}-6xy^2\times\frac{1}{_{05}}$$

$$=_{06}$$

! 注意

約分できるときは, 係数は係数どうし, 文字は文字どうしで約分すること。

2 乗法公式

3 $(3x+7)(2x-1)$ を展開しなさい。

▶▶▶公式 $(a+b)(c+d)=ac+ad+bc+bd$ を利用して展開し, 同類項をまとめる。

$$(3x+7)(2x-1)=3x\times_{07}\qquad+_{08}\qquad\times(-1)+_{09}\qquad\times 2x+7\times(_{10}\qquad)$$

$$=_{11}$$

4 $(x-8)(x-3)$ を展開しなさい。 ▶▶▶公式 $(x+a)(x+b)=x^2+(a+b)x+ab$ を利用する。

$(x-8)(x-3)=x^2+(-8-_{12}\quad)x+(-8)\times(_{13}\quad)$

$=_{14}$

5 $(x+9)^2$ を展開しなさい。 ▶▶▶公式 $(x+a)^2=x^2+2ax+a^2$ を利用する。

$(x+9)^2=x^2+2\times_{15}\quad\times x+9^2=_{16}$

6 $(x-8)^2$ を展開しなさい。 ▶▶▶公式 $(x-a)^2=x^2-2ax+a^2$ を利用する。

$(x-8)^2=x^2-2\times_{17}\quad\times x+8^2=_{18}$

7 $(x+7)(x-7)$ を展開しなさい。 ▶▶▶公式 $(x+a)(x-a)=x^2-a^2$ を利用する。

$(x+7)(x-7)=x^2-7^2=_{19}$

3 因数分解

8 $x^2-7x+12$ を因数分解しなさい。 ▶▶▶公式 $x^2+(a+b)x+ab=(x+a)(x+b)$ を利用する。

積が 12, 和が -7 となる 2 つの数は $-3,\ _{20}\qquad$ だから,

$x^2-7x+12=(x-3)(x-_{21}\qquad)$

↑乗法公式を利用すれば, $(x-3)(x-4)=x^2-7x+12$ となることが確かめられる。

9 $x^2-12x+36$ を因数分解しなさい。 ▶▶▶公式 $x^2-2ax+a^2=(x-a)^2$ を利用する。

$x^2-12x+36=x^2-2\times_{22}\qquad\times x+6^2=_{23}$

!注意
符号のミスに注意する。
$(x✖6)^2$ ではない。

10 x^2-225 を因数分解しなさい。 ▶▶▶公式 $x^2-a^2=(x+a)(x-a)$ を利用する。

$x^2-225=x^2-15^2=_{24}$

4 多項式の計算の利用

11 1005^2 をくふうして計算しなさい。 ▶▶▶公式 $(x+a)^2=x^2+2ax+a^2$ を利用する。

$1005^2=(_{25}\qquad+5)^2$

$=1000^2+2\times_{26}\qquad\times1000+5^2=_{27}$

12 奇数どうしの積は, 奇数になります。そのわけを説明しなさい。

▶▶▶2 つの奇数をそれぞれ文字式で表し, 2×(整数)+1 の形の式を導く。

$m,\ n$ を整数とすると, 2 つの奇数は, $2m+1,\ _{28}\qquad+1$ と表される。

このとき, $(2m+1)(2n+1)=4mn+_{29}\qquad+2n+1=2(_{30}\qquad\qquad)+1$

$2mn+m+n$ は $_{31}\qquad$ だから, $2(2mn+m+n)+1$ は奇数である。

したがって, 奇数どうしの積は, 奇数になる。

1
正の数・負の数

2
文字と式

3
整数の性質

4
式の計算

5
多項式

6
平方根

STEP02 基本問題 → 解答は別冊016ページ

学習内容が身についたか, 問題を解いてチェックしよう。

1 次の計算をしなさい。

(1) $x(2x-3y)$

(2) $(24x^2y-15xy) \div (-3xy)$ 〈山形県〉

(3) $(x-2y) \times (-4x)$ 〈山口県〉

(4) $(4x^2y-32xy^2) \div \left(-\dfrac{4}{5}xy\right)$

2 次の式を展開しなさい。

(1) $(2x-7)(3x+8)$

(2) $(x-2y)(4x+y)$

(3) $(x+2y-3)(3x-y+1)$

(4) $(x+y+z)(x-y)$

3 次の式を展開しなさい。

(1) $(x+8)(x-6)$ 〈栃木県〉

(2) $(x+2)(x-7)$

(3) $(x+5)^2$

(4) $(a-6b)^2$

(5) $(x-9)(x+9)$

(6) $\left(\dfrac{m}{2}+\dfrac{n}{3}\right)\left(\dfrac{m}{2}-\dfrac{n}{3}\right)$

4 次の式を展開しなさい。

(1) $(a+b-2)(a+b-3)$

(2) $(2x-y+6)(2x+y-6)$

(3) $(x-y-z)^2$

(4) $(3a+b-2)^2$

5 次の計算をしなさい。

(1) $x(3x-2)+2x$ 〈山梨県〉

(2) $(a+2)(a-1)-(a-2)^2$ 〈和歌山県〉

(3) $(x-1)^2-(x+2)(x-6)$ 〈青森県〉

(4) $(2x-3)(x+2)-(x-2)(x+3)$ 〈愛知県〉

(5) $(2x-7)(2x+7)+(x+4)^2$ 〈京都府〉

(6) $x(x+2y)-(x+3y)(x-3y)$ 〈和歌山県〉

確認

→ **1**(2)(4)
多項式の除法
わる式の逆数をかける乗法になおして計算する。
(2) $\div(-3xy)$
　→ $\times\left(-\dfrac{1}{3xy}\right)$
(4) $\div\left(-\dfrac{4}{5}xy\right)$
　→ $\times\left(-\dfrac{5}{4xy}\right)$

ミス注意

→ **3**(2)
乗法公式
(2)では, x の項や定数項の符号のミスに注意する。
　$(x+2)(x-7)$
　$=x^2+\{2+(-7)\}x$
　　　　$+2\times(-7)$
　$=x^2 \ast 5x \ast 14$

確認

→ **4**
式のおきかえによる展開
(1) $a+b$ を M とおく。
(2) $y-6$ を M とおく。
(3) $x-y$ を M とおく。
(4) $3a+b$ を M とおく。

6 次の式を因数分解しなさい。

(1) $a^2bc-2ac$

(2) $5xy^2-15x^2y$

(3) $6a^2b-4ab^2+8ab$

(4) $3a^3+21a^2-18a$
〈和歌山県〉

 7 次の式を因数分解しなさい。

(1) x^2+6x+8
〈長崎県〉

(2) x^2-x-30
〈三重県〉

(3) $x^2+5x-36$
〈茨城県〉

(4) x^2+6x+9

(5) $x^2-12x+36$

(6) x^2-16
〈岩手県〉

8 次の式を因数分解しなさい。

(1) $ab-3a+b-3$
〈専修大高（東京）〉

(2) $(a+b)^2-16$
〈兵庫県〉

(3) $6x^2-54$

(4) $(x+5)^2+(x+5)-12$

(5) $(a+2b)^2+a+2b-2$
〈大阪府〉

(6) $(x^2-2x)^2-7(x^2-2x)-8$
〈関西学院高（兵庫）〉

9 次の問いに答えなさい。

(1) 103^2-97^2 を計算すると，答えは 1200 となります。この式は，因数分解を利用することや文字でおきかえることによって，くふうして計算することができます。103^2-97^2 を，くふうして計算しなさい。ただし，答えを求める過程がわかるように，途中の式や計算なども書くこと。
〈高知県〉

(2) 連続する2つの奇数の積に，大きいほうの奇数を2倍した数を加えると，その和は，大きいほうの奇数の2乗になることを証明しなさい。

(3) 右の図のように，運動場に大きさの異なる半円と，同じ長さの直線を組み合わせて，陸上競技用のトラックをつくりました。内側の半円の直径を pm，直線部分の長さを qm，トラックの幅を am，トラックのまん中を通る線の長さを ℓm，トラック全体の面積を Sm^2 とするとき，$S=a\ell$ となることを証明しなさい。

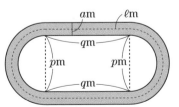

ミス注意 ❗

→ 6(2)(3)
共通因数のくくりだし
共通因数はすべてくくりだす。
(2) $xy(5y-15x)$
(3) $2a(3ab-2b^2+4b)$
などは不十分である。

ヒント 💬

→ 9(1)
数の計算の工夫
103 を a，97 を b とおくと，因数分解の公式 $a^2-b^2=(a+b)(a-b)$ が利用できる。

確認 💡

→ 9(3)
証明の進め方
次の手順で証明する。
① S，ℓ をそれぞれ文字 p，q を使って表す。
② それぞれの式を変形して，S と $a\ell$ が等しくなることを導く。

1 正の数・負の数

2 文字と式

3 整数の性質

4 式の計算

5 多項式

6 平方根

入試レベルの問題で力をつけよう。

1 次の計算をしなさい。

(1) $(-2x^2)^2\left(\dfrac{3}{x^2}-\dfrac{1}{x}\right)$

(2) $(8x^2y-12xy^2)\div\left(-\dfrac{4}{7}xy\right)$
〈法政大国際高（神奈川）〉

(3) $(-3x^2y+xy^2)\div 4xy-\dfrac{5y-2x}{3}$
〈國學院久我山高（東京）〉

(4) $\dfrac{(-4x^2y)^3-4xy^2}{2xy^2}$

 2 次の計算をしなさい。

(1) $(3x-1)^2+6x(1-x)$
〈熊本県〉

(2) $(4x+y)(4x-y)-(x-5y)^2$
〈大阪府〉

(3) $(x^2+2x-8)(x^2+2x+2)$

(4) $(x+1)(x-1)(x+4)(x-4)$

(5) $(a+b-c)(a-b-c)$

(6) $(x+y-z)^2-(x-y+z)^2$

3 次の問いに答えなさい。

(1) $(x^2-9x+2)(x^2+7x-3)$ を展開したときの x^2 の項の係数を求めなさい。

(2) $2022\times2016-2019\times2018$ を計算しなさい。
〈大阪教育大附高〔池田校舎〕〉

(3) $x+\dfrac{1}{x}=-3$ のとき，$x^2+\dfrac{1}{x^2}$ の値を求めなさい。

4 次の式を因数分解しなさい。

(1) $(6-x)^2+9(x-6)-90$
〈19 都立日比谷高〉

(2) $(2x-y)^2-(z-x)^2$
〈青雲高（長崎）〉

(3) $x(x-2)+3(x-4)$
〈駿台甲府高（山梨）〉

(4) $(x+y)(x+y-4)-5$

(5) $x^3-13x^2y-48xy^2$
〈近畿大附高（大阪）〉

難問 (6) $(x-3)(x-1)(x+5)(x+7)-960$
〈慶應義塾高（神奈川）〉

5 次の式を因数分解しなさい。

(1) $a^2b^2-a^2-2ab+1$

〈関西学院高等部（兵庫）〉

(2) $x^2-2x-3-y^2-4y$

〈法政大第二高（神奈川）〉

(3) $12a^3-4a^2c-75ab^2+25b^2c$

〈開成高（東京）〉

(4) $x^2+4xy+4y^2-2x-4y-3$

〈愛光高（愛媛）〉

(5) $a^3b-ab^3-a^3+ab^2+a^2b-b^3$

6 $a+b=-3$, $ab=2$ のとき，次の式の値を求めなさい。

(1) a^2+b^2

(2) a^2b+ab^2

(3) $a^2+6ab+b^2$

(4) $\dfrac{b}{a}+\dfrac{a}{b}$

7 2つの自然数 a, b があります。a を4でわると1余り，b を6でわると2余ります。このとき，$3a^2+2b^2$ を24でわったときの余りを求めなさい。

8 自然数を1から順に9個ずつ各段に並べ，縦，横3個ずつの9個の数を□で囲み，□内の左上の数を a，右上の数を b，左下の数を c，右下の数を d，まん中の数を x とします。たとえば，右の**表**の□では，$a=5$, $b=7$, $c=23$, $d=25$，$x=15$ です。次の(1)，(2)の問いに答えなさい。

〈鹿児島県〉

表

1段目	1	2	3	4	5	6	7	8	9
2段目	10	11	12	13	14	15	16	17	18
3段目	19	20	21	22	23	24	25	26	27
4段目	28	29	30	31	…				

⋮

(1) a を x を使って表しなさい。

(2) $M=bd-ac$ とするとき，次の①，②の問いに答えなさい。

① a, b, c, d をそれぞれ x を使って表すことで，M の値は4の倍数になることを証明しなさい。

② a が1段目から10段目までにあるとき，一の位の数が4になる M の値は何通りありますか。次の　　　の **ア** ～ **ウ** に適当な数を入れ，求め方を完成させなさい。

〔求め方〕

①より M の値は4の倍数だから，M の値の一の位の数が4になるのは x の一の位の数が **ア** または **イ** になるときである。

x は2段目から11段目までにあり，各段の両端をのぞく自然数であることに注意して，M の値の個数を求めると **ウ** 通りである。

6 数と式 平方根

STEP01 要点まとめ

→ 解答は別冊021ページ

〔00〕 にあてはまる数や記号・式を書いて，この章の内容を確認しよう。

最重要ポイント

平方根………………………2乗すると a になる数。正の数 a の平方根は2つあり，正のほうを $\sqrt{a}$，負のほうを $-\sqrt{a}$ で表す。

平方根の大小………………$a>0$，$b>0$ で，$a<b$ ならば，$\sqrt{a}<\sqrt{b}$

根号をふくむ式の乗除………$a>0$，$b>0$ のとき，$\sqrt{a}\times\sqrt{b}=\sqrt{a\times b}$，$\sqrt{a}\div\sqrt{b}=\sqrt{\dfrac{a}{b}}$

根号のついた数の変形………$a>0$，$b>0$ のとき，$a\sqrt{b}=\sqrt{a^2 b}$

分母の有理化…………………分母に根号をふくむ数を，分母に根号をふくまない形に変形すること。$\dfrac{a}{\sqrt{b}}=\dfrac{a\times\sqrt{b}}{\sqrt{b}\times\sqrt{b}}=\dfrac{a\sqrt{b}}{b}$ のように有理化する。

■1 平方根

■1 25 の平方根を求めなさい。▶▶▶2乗して25になる数を考える。

$5^2=$〔01〕 ，$(-5)^2=$〔02〕 だから，25 の平方根は，5 と〔03〕

①注意
平方根の負のほうを忘れないこと。

■2 3，$\sqrt{11}$ の大小を，不等号を使って表しなさい。

▶▶▶「$a>0$，$b>0$ で，$a<b$ ならば，$\sqrt{a}<\sqrt{b}$」を用いる。

3 を根号を使って表すと，$3=$〔04〕

〔05〕 <11 だから，$\sqrt{9}$〔06〕 $\sqrt{11}$ すなわち，3〔07〕 $\sqrt{11}$

■3 $\sqrt{28n}$ が整数になるような最も小さい自然数 n の値を求めなさい。

▶▶▶根号の中の数が，ある自然数の2乗になる場合を考える。

28 を素因数分解すると，$28=2^2\times$〔08〕

$\sqrt{28n}=\sqrt{2^2\times$〔09〕$\times n}$ だから，$n=$〔10〕 のとき，

$\sqrt{28n}=\sqrt{2^2\times7\times$〔11〕$}=\sqrt{2^2\times7^2}=\sqrt{(2\times7)^2}=\sqrt{14^2}$〔12〕

より，整数となる。したがって，$n=$〔13〕

⬆n が7未満のとき，この形に変形できないので，$\sqrt{28n}$ は整数にならない。

4 次の数を有理数と無理数に分けなさい。

$5, \quad \sqrt{7}, \quad -0.6, \quad -\pi$

▶▶▶有理数は分数で表すことができる数，無理数は分数で表すことができない数。

$5=\dfrac{5}{1}, \quad -0.6=-\dfrac{3}{5}$ と表されるから，$5, \quad -0.6$ は ₁₄ _____ である。

$\sqrt{7}, \quad -\pi$ は分数で表すことができないから，$\sqrt{7}, \quad -\pi$ は ₁₅ _____ である。

2 根号をふくむ式の乗除

5 $\sqrt{6} \times \sqrt{7}$ ▶▶▶$\sqrt{}$ の中の数どうしの積を求め，それに $\sqrt{}$ をつける。

$\sqrt{6} \times \sqrt{7} = \sqrt{6 \times _{16}\underline{}} = _{17}$

6 $\sqrt{40} \div \sqrt{5}$ ▶▶▶$\sqrt{}$ の中の数どうしの商を求め，それに $\sqrt{}$ をつける。

$\sqrt{40} \div \sqrt{5} = \sqrt{\dfrac{40}{_{18}}} = \sqrt{_{19}} = _{20}$ •───▶ ⓘ注意

$\uparrow \sqrt{8} = \sqrt{2^2 \times 2}$ $\sqrt{8}$ のまま答えとしないこと。$\sqrt{a^2 b}=a\sqrt{b}$ のように表せないか確認する。

7 $\dfrac{5}{\sqrt{2}}$ を有理化しなさい。▶▶▶分母と分子に分母と同じ数をかけて変形する。

•────────────────────▶ ⓘ注意

分子にも分母と同じ数 $\sqrt{2}$ をかけるのを忘れないこと。

$\dfrac{5}{\sqrt{2}} = \dfrac{5 \times {}^{21}}{\sqrt{2} \times {}_{22}} = _{23}$

3 根号をふくむ式の計算

8 $2\sqrt{7} + 6\sqrt{7}$ ▶▶▶$m\sqrt{a} + n\sqrt{a} = (m+n)\sqrt{a}$ を使って計算する。

$2\sqrt{7} + 6\sqrt{7} = (2 + _{24})\sqrt{7} = _{25}$

9 $\sqrt{48} - 5\sqrt{3}$ ▶▶▶$m\sqrt{a} - n\sqrt{a} = (m-n)\sqrt{a}$ を使って計算する。

$\sqrt{48} - 5\sqrt{3} = \sqrt{4^2 \times _{26}} - 5\sqrt{3} = _{27} \sqrt{3} - 5\sqrt{3} = (4 - _{28})\sqrt{3}$

$= _{29}$ $\uparrow$根号の中の数を簡単にする。

10 $(\sqrt{6} - \sqrt{3})^2$ ▶▶▶各項を 1 つの文字とみて，乗法公式を利用する。

$(\sqrt{6} - \sqrt{3})^2 = (\sqrt{_{30}})^2 - 2 \times _{31} \times \sqrt{6} + (\sqrt{_{32}})^2$

$= _{33} - 2\sqrt{18} + 3 = _{34}$

11 $x = \sqrt{5} - \sqrt{2}, \quad y = \sqrt{5} + \sqrt{2}$ のとき，$x^2 - y^2$ の値を求めなさい。

▶▶▶因数分解の公式を使って，式変形してから代入する。

$x^2 - y^2 = (x + _{35})(x - _{36})$ に代入すると，

$\{(\sqrt{5} - \sqrt{2}) + (_{37})\}\{(\sqrt{5} - \sqrt{2}) - (\sqrt{5} + \sqrt{2})\} = 2\sqrt{5} \times (_{38}) = _{39}$

1 正の数・負の数

2 文字と式

3 整数の性質

4 式の計算

5 多項式

6 平方根

学習内容が身についたか,問題を解いてチェックしよう。

1 次の数の平方根を求めなさい。

(1) 11

(2) 121

(3) 0.0036

(4) $\dfrac{25}{49}$

2 次の数を根号を使わずに表しなさい。

(1) $\sqrt{25}$

(2) $-\sqrt{0.81}$

(3) $-\sqrt{\dfrac{64}{225}}$

(4) $-\sqrt{(-0.3)^2}$

確認

➡ **2**
平方根の性質
次の数の違いに注意する。$a>0$ のとき,
$\sqrt{a^2}=a$, $-\sqrt{a^2}=-a$,
$-\sqrt{(-a)^2}=-a$

3 次の各組の数の大小を,不等号を使って表しなさい。

(1) $\sqrt{26}$, $\sqrt{23}$

(2) -7, $-\sqrt{44}$

(3) -5, $-\sqrt{27}$, $-\sqrt{23}$

(4) $\sqrt{\dfrac{1}{3}}$, $\dfrac{1}{3}$, $\sqrt{\dfrac{1}{5}}$

ミス注意

➡ **3**(2)(3)
平方根の大小
$0<a<b$ のとき,$-a\not<-b$
とするミスに注意する。
負の数は,絶対値が大き
いほど小さくなる。

4 次の問いに答えなさい。

(1) $2<\sqrt{a}<3$ をみたす自然数 a を,小さい順にすべて書きなさい。

〈群馬県〉

(2) $3<\sqrt{7a}<5$ をみたす自然数 a をすべて求めなさい。

〈奈良県〉

(3) $x<\sqrt{91}<x+1$ をみたす自然数 x を求めなさい。

(4) $\sqrt{7}$ より大きく,$3\sqrt{5}$ より小さい整数は何個あるか求めなさい。

〈駿台甲府高(山梨)〉

ヒント

➡ **4**(1)
平方根と数の大小
$2<\sqrt{a}<3$ の各辺を2乗
しても大小関係は変わら
ないことを利用して,数
と a との大小を比べる。

5 次の問いに答えなさい。

(1) $\sqrt{48n}$ が整数となるようなもっとも小さい自然数 n の値を求めなさい。

(2) $\sqrt{120-5n}$ が整数となるような自然数 n の値をすべて求めなさい。

ヒント

➡ **5**(1)
平方根を整数にする数
$\sqrt{48n}$
$=\sqrt{2^2\times2^2\times3\times n}$
と変形し,根号の中の数
がある数の2乗となるよ
うな n を求める。

6 次の問いに答えなさい。

(1) 優花さんが電子体温計で自分の体温を測ってみたところ，36.4℃と表示されました。この数値は小数第2位を四捨五入して得られた値です。このときの優花さんの体温の真の値を a ℃としたとき，a の範囲を不等号を使って表しなさい。　〈広島県〉

(2) 距離の測定値6150mの有効数字が上から3けたの6，1，5のとき，整数部分が1けたの数と10の累乗の積の形で表しなさい。　〈秋田県〉

7 次の計算をしなさい。

(1) $\sqrt{3} \times \sqrt{7}$

(2) $\dfrac{\sqrt{125}}{\sqrt{5}}$

(3) $\sqrt{12} \times \sqrt{18}$

(4) $\sqrt{54} \div \sqrt{3} \times \sqrt{2}$

8 次の計算をしなさい。

(1) $\sqrt{18} + \sqrt{50} - 3\sqrt{8}$　〈島根県〉

(2) $\sqrt{27} - \sqrt{12}$　〈鳥取県〉

(3) $\sqrt{48} - \dfrac{9}{\sqrt{3}}$

(4) $\dfrac{\sqrt{75}}{3} - \sqrt{\dfrac{49}{3}}$　〈宮城県〉

9 次の計算をしなさい。

(1) $\sqrt{18} + 2\sqrt{6} \div \sqrt{3}$　〈石川県〉

(2) $\sqrt{12} \times \sqrt{6} - \dfrac{8}{\sqrt{2}}$

(3) $\sqrt{6}\left(\sqrt{8} + \dfrac{1}{\sqrt{2}}\right)$

(4) $\sqrt{3}(\sqrt{8} - \sqrt{6}) - \dfrac{10}{\sqrt{6}}$　〈青森県〉

10 次の計算をしなさい。

(1) $(\sqrt{5} + \sqrt{6})^2$

(2) $(3 - 2\sqrt{2})^2$

(3) $(\sqrt{8} + 3)(\sqrt{8} - 4)$

(4) $(\sqrt{7} - 2\sqrt{5})(\sqrt{7} + 2\sqrt{5})$　〈三重県〉

(5) $(2 + \sqrt{2})^2 - \sqrt{18}$　〈山形県〉

(6) $(\sqrt{12} - \sqrt{8})^2 + \dfrac{10\sqrt{3}}{\sqrt{2}}$　〈都立国分寺高〉

確認

→ **6**(1)

真の値の範囲
ある位までの近似値は，その位の1つ下の位の数を四捨五入して得られた値である。

確認

→ **8**

根号のついた数の加減
$\sqrt{a^2 b} = a\sqrt{b}$ を用いて変形し，根号の中が同じ数ならば，
$m\sqrt{a} + n\sqrt{a} = (m+n)\sqrt{a}$
$m\sqrt{a} - n\sqrt{a} = (m-n)\sqrt{a}$
を使って計算する。

確認

→ **9**

乗除の混じった計算
根号をふくむ数の計算も，これまでの数の計算と同様に，かっこの中・累乗→乗除→加減の順に計算する。

確認

→ **10**

乗法公式を利用する計算
各項を1つの文字とみて，乗法公式を利用する。

入試レベルの問題で力をつけよう。

1 次の問いに答えなさい。

(1) 下の**ア**〜**エ**の数の中で，無理数はどれですか。その記号を書きなさい。　〈広島県〉

$$\textbf{ア}\quad -\frac{3}{7}\qquad \textbf{イ}\quad 2.7\qquad \textbf{ウ}\quad \sqrt{\frac{9}{25}}\qquad \textbf{エ}\quad -\sqrt{15}$$

(2) 3つの数 $\dfrac{\sqrt{6}}{5}$，0.4，$\dfrac{1}{\sqrt{5}}$ の中から最も小さい数を答えなさい。

(3) 次の**ア**〜**エ**の中から正しいものを1つ選び，記号で答えなさい。

ア 49の平方根は7だけである。

イ $\sqrt{23}$ は5より大きい。

ウ $\dfrac{\sqrt{3}}{\sqrt{2}}$ は $\dfrac{\sqrt{6}}{2}$ に等しい。

エ $\sqrt{26.4}=5.138$ のとき，$\sqrt{264}=51.38$ である。

2 次の問いに答えなさい。

(1) n は自然数で，$8.2<\sqrt{n+1}<8.4$ です。このような n をすべて求めなさい。　〈愛知県〉

(2) $\dfrac{\sqrt{72n}}{7}$ が自然数となるような整数 n のうち，最も小さい値を求めなさい。　〈秋田県〉

(3) n を1以上の整数とします。$\sqrt{\dfrac{2016}{n+4}}$ の値が整数となるとき，最も小さい n の値は $\boxed{}$ です。

$\boxed{}$ にあてはまる数を記入しなさい。

〈福岡大附大濠高（福岡）〉

(4) 自然数 a，b が $\sqrt{2018+a}=b\sqrt{2}$ をみたすとき，最小の a の値は $\boxed{}$ です。$\boxed{}$ にあてはまる数を記入しなさい。

〈成城高（東京）〉

(5) $\sqrt{5}=2.236$，$\sqrt{10}=3.162$ として，$\dfrac{\sqrt{50}+2}{\sqrt{5}}$ の近似値を四捨五入して，小数第3位まで求めなさい。

3 次の問いに答えなさい。

(1) $\sqrt{2019}$ を小数で表したとき，整数部分を求めなさい。

(2) $\sqrt{12}$ の小数部分を a とするとき，$(a+1)(a+4)$ の値を求めなさい。

(3) $\sqrt{5}-1$ の整数部分を a，小数部分を b とするとき，$b^2+3ab+2a^2$ の値を求めなさい。

〈法政大高(神奈川)〉

(4) $\sqrt{11}$ の小数部分と $7-\sqrt{11}$ の小数部分との積を求めなさい。

〈明治大附中野高(東京)〉

(5) 正の数 x について，x の整数部分を $[x]$，小数部分を $\langle x\rangle$ で表すことにします。このとき，$[\sqrt{21}]-\langle 3\sqrt{11}\rangle$ の値を求めなさい。

〈中央大附高(東京)〉

4 次の問いに答えなさい。

(1) $\dfrac{2}{7}$ を小数で表すと，$0.\dot{2}8571\dot{4}$ と続く循環小数です。このとき，小数第 16 位の数字は何ですか。

(2) 循環小数 $0.\dot{3}\dot{2}$ をもっとも簡単な分数で表しなさい。また，$0.\dot{3}\dot{2}\div 0.0\dot{4}$ を計算しなさい。

(3) $\sqrt{17}$ の値を有効数字 4 けたの近似値で表すと，4.123 であることがわかっています。$\sqrt{17}$ の真の値を a としたとき，a の範囲を不等号を使って表しなさい。また，$\sqrt{17}$ を有効数字 2 けたの近似値で表すとどうなりますか。

5 次の計算をしなさい。

(1) $4\sqrt{3}\div\sqrt{2}+\sqrt{54}$
〈高知県〉

(2) $\sqrt{6}\div\sqrt{18}\times\sqrt{24}$

(3) $\sqrt{3}(\sqrt{27}-2\sqrt{6}-\sqrt{48})$

(4) $\sqrt{108}+\sqrt{48}-\sqrt{75}-\sqrt{27}$

(5) $(\sqrt{5}+\sqrt{3})(5\sqrt{3}-3\sqrt{5})+(\sqrt{3}-\sqrt{5})^2$
〈東京電機大高(東京)〉

(6) $\dfrac{\sqrt{2}}{3}(\sqrt{90}-\sqrt{8})+(\sqrt{5}-1)^2$
〈青雲高(長崎)〉

(7) $-3\sqrt{27}+\sqrt{60}\times 2\sqrt{5}-\sqrt{5}$
〈大阪教育大附高[平野校舎]〉

(8) $\sqrt{2}\left(\dfrac{3}{\sqrt{6}}-\dfrac{2}{\sqrt{2}}\right)-\sqrt{2}\left(\dfrac{3}{\sqrt{6}}+\dfrac{2}{\sqrt{2}}\right)$
〈和洋国府台女子高(千葉)〉

(9) $\dfrac{\sqrt{12}}{4}-\dfrac{2}{\sqrt{6}}-\dfrac{\sqrt{48}}{6}+\dfrac{\sqrt{2}}{\sqrt{3}}$
〈都立国分寺高〉

(10) $(\sqrt{2}+\sqrt{3})^2-\sqrt{8}\times\dfrac{\sqrt{15}}{\sqrt{5}}$
〈愛媛県〉

1 正の数・負の数
2 文字と式
3 整数の性質
4 式の計算
5 多項式
6 平方根

6 次の計算をしなさい。

(1) $(\sqrt{5}-\sqrt{2}+1)(\sqrt{5}+\sqrt{2}+1)(\sqrt{5}-2)$ 〈慶應義塾女子高(東京)〉

(2) $\{(\sqrt{2}-1)^2+(\sqrt{2}+1)^2\}^2+\{(\sqrt{3}+1)^2-(\sqrt{3}-1)^2\}^2$ 〈関西学院高等部(兵庫)〉

 (3) $\dfrac{\sqrt{2}+\sqrt{3}-\sqrt{5}}{\sqrt{2}-\sqrt{3}+\sqrt{5}}$

(4) $\dfrac{2(1+\sqrt{3})}{\sqrt{12}}-\dfrac{(\sqrt{2}-1)^2}{\sqrt{18}}-\dfrac{(\sqrt{6}-3)(\sqrt{2}+2\sqrt{6})}{6}$ 〈関西学院高等部(兵庫)〉

(5) $\left\{\left(\dfrac{\sqrt{3}}{\sqrt{2}+1}\right)^2+\left(\dfrac{\sqrt{3}}{\sqrt{2}-1}\right)^2\right\}^2-\left\{\left(\dfrac{\sqrt{3}}{\sqrt{2}+1}\right)^2-\left(\dfrac{\sqrt{3}}{\sqrt{2}-1}\right)^2\right\}^2$ 〈久留米大附設高(福岡)〉

7 次の問いに答えなさい。

(1) $\dfrac{\sqrt{2}\times\sqrt{3}\times\sqrt{4}\times\sqrt{5}\times\sqrt{6}}{\sqrt{7}\times\sqrt{8}\times\sqrt{9}\times\sqrt{10}}$ を有理化しなさい。 〈明治学院高(東京)〉

 (2) $\dfrac{\{(1+\sqrt{3})^{50}\}^2(2-\sqrt{3})^{50}}{2^{50}}$ を計算しなさい。 〈立命館高(京都)〉

(3) 次の□をうめなさい。

$$\left(\dfrac{\sqrt{6}}{3}a^2b\right)^2\times\boxed{\text{ア}}a^{\boxed{\text{イ}}}b^{\boxed{\text{ウ}}}\div\dfrac{14}{3}a^3b^3=a^3b^2$$
〈日本大習志野高(千葉)〉

 8 次の式の値を求めなさい。

(1) $a=\sqrt{7}-3$ のとき,a^2+6a+6 の値 〈市川高(千葉)〉

(2) $x=\sqrt{3}+1$,$y=\sqrt{3}-1$ のとき,$xy+x$ の値 〈青森県〉

(3) $x=1+2\sqrt{3}$,$y=-1+\sqrt{3}$ のとき,$x^2-xy-2y^2$ の値 〈都立立川高〉

(4) $a=\sqrt{5}+\sqrt{3}$,$b=\sqrt{5}-\sqrt{3}$ のとき,$a^3b+2a^2b^2+ab^3$ の値 〈函館ラ・サール高(北海道)〉

(5) $x=\dfrac{\sqrt{5}+\sqrt{3}}{\sqrt{5}-\sqrt{3}}$,$y=\dfrac{\sqrt{5}-\sqrt{3}}{\sqrt{5}+\sqrt{3}}$ のとき,x^2+y^2 の値

方程式編

1 次方程式

➡ 解答は別冊027ページ

STEP01 要点まとめ

00 にあてはまる数や記号・式を書いて, この章の内容を確認しよう。

最重要ポイント

方程式, 方程式の解………式の中の文字に特定な値を代入すると成り立つ等式を方程式, 方程式を成り立たせる文字の値を方程式の解という。

1 次方程式………………整理すると $ax+b=0$ の形になる方程式。

移項……………………等式の一方の辺の項を符号を変えて他方の辺に移すこと。

1 1 次方程式の解き方

1 $5x=-20$ を解きなさい。▶▶▶等式の両辺を同じ数でわっても等式は成り立つ。

$5x=-20$ の両辺を ____ でわると,

$5x÷5=-20÷$ ____ よって, $x=$ ____

2 $x-6=5x+18$ を解きなさい。▶▶▶文字の項を左辺に, 数の項を右辺に移項する。

$x-6=5x+18$ の ____ を左辺に, ____ を右辺に移項すると,

$x-$ ____ $=18+$ ____ ────────● ⚠注意

移項するとき, 符号を変えるのを忘れずに。

$-4x=$ ____ よって, $x=$ ____

2 いろいろな 1 次方程式

3 $x+6=3(x-4)$ を解きなさい。

▶▶▶分配法則を使ってかっこをはずし, 移項してから解く。

$x+6=3(x-4)$ 右辺のかっこをはずすと, $x+6=$ ____ $-$ ____

$x-$ ____ $=-12-$ ____ , $-2x=$ ____ よって, $x=$ ____

4 $0.2x-0.8=0.5x-1.1$ を解きなさい。

▶▶▶両辺に適当な数をかけて, 係数を整数にする。

$0.2x-0.8=0.5x-1.1$ の両辺に ____ をかけると,

$2x-$ ____ $=5x-$ ____ , $2x-$ ____ $=-11+$ ____

$-3x=$ ____ よって, $x=$ ____

5 $\dfrac{1}{4}x-7=\dfrac{5}{6}x$ を解きなさい。

▶▶▶両辺に分母の最小公倍数をかけて分母をはらう。

$\dfrac{1}{4}x-7=\dfrac{5}{6}x$ の両辺に 4 と 6 の最小公倍数 $_{23}$　　をかけると，

$3x-_{24}\quad=_{25}$

・‥‥‥‥‥‥‥‥‥‥‥ ！注意

$3x-_{26}\quad=_{27}$　　　　　　　数の項にも最小公倍数をかけるのを忘れずに。

$-7x=_{28}$

よって，$x=_{29}$

6 $x:12=8:3$ を解きなさい。

▶▶▶比の性質「$a:b=m:n$ ならば，$an=bm$」を利用する。

$x:12=8:3,\quad x\times_{30}\quad=12\times_{31}$

$_{32}\quad x=_{33}$　‥‥‥‥‥‥‥ ！注意

$\qquad\qquad\qquad\qquad\qquad x\times12=3\times8$ ではない。

よって，$x=_{34}$

3 1次方程式の利用

7 1本 60 円の鉛筆を何本かと，120 円のノートを 1 冊買ったら，代金の合計は 420 円でした。買った鉛筆の本数は何本か求めなさい。

▶▶▶鉛筆の本数を文字でおき，代金についての方程式をつくる。

鉛筆の本数を x 本とすると，方程式は，$_{35}\qquad+120=420$

これを解くと，$x=_{36}$

鉛筆の本数は正の整数だから，$x=5$ は問題に合っている。◀解の確かめをする。

答 鉛筆の本数 $_{37}\qquad$ 本

8 家から駅まで行くのに，自転車を使うと，徒歩よりも 6 分早く駅に着きます。自転車の速さを分速 210m，歩く速さを分速 70m とするとき，家から駅までの道のりは何 m か求めなさい。

▶▶▶家から駅までの道のりを文字でおき，かかった
時間についての方程式をつくる。

家から駅までの道のりを xm とすると，

方程式は，$\dfrac{x}{_{38}}=\dfrac{x}{70}-_{39}$

↑「6 分早い」は，かかった時間が
「6 分少ない」といいかえられる。

これを解くと，$x=_{40}$

家から駅までの道のりは正の数だから，$x=630$ は問題に合っている。◀解の確かめする。

答 家から駅までの道のり $_{41}\qquad$ m

POINT 速さ，時間，道のり

● (速さ)＝(道のり)÷(時間)

● (時間)＝(道のり)÷(速さ)

● (道のり)＝(速さ)×(時間)

STEP02 基本問題 ➡ 解答は別冊027ページ

学習内容が身についたか，問題を解いてチェックしよう。

1　Pさんは，方程式 $4x-11=-3$ の解を，等式の性質を使って次のようにして求めました。このとき，①，③の式変形はそれぞれ下のア〜エのどの性質を用いているか答えなさい。

【Pさんの解答】

$$4x-11=-3 \quad ①$$
$$4x=-3+11 \quad ②$$
$$4x=8 \quad ③$$
$$x=2$$

【等式の性質】

ア　等式の両辺に 11 をたしても等式は成り立つ。
イ　等式の両辺から 11 をひいても等式は成り立つ。
ウ　等式の両辺に 4 をかけても等式は成り立つ。
エ　等式の両辺を 4 でわっても等式は成り立つ。

 確認

➡ 1
等式の性質
$A=B$ ならば，
① $A+C=B+C$
② $A-C=B-C$
③ $AC=BC$
④ $\dfrac{A}{C}=\dfrac{B}{C}$ $(C\neq0)$

2　次の方程式を解きなさい。

(1)　$x-7=-2$

(2)　$x+\dfrac{2}{3}=\dfrac{1}{3}$

(3)　$\dfrac{x}{6}=-3$

(4)　$8x=-20$

(5)　$2x-7=5$

(6)　$9=4x-7$

ミス注意

➡ 2
移項と符号
移項するときは，必ず項の符号を変えること。
(1)　$x-7=-2$
　　　$x=-2 \times 7$
(2)　$x+\dfrac{2}{3}=\dfrac{1}{3}$
　　　$x=\dfrac{1}{3} \times \dfrac{2}{3}$

 3　次の方程式を解きなさい。

(1)　$x=3x-10$
〈岩手県〉

(2)　$4x-5=x-6$
〈18 東京都〉

(3)　$2x-15=3+5x$

(4)　$7x+3=-7x+3$

 確認

➡ 4
分配法則
かっこをはずすには，分配法則を使う。
$a(b+c)=ab+ac$
$a(b-c)=ab-ac$

 4　次の方程式を解きなさい。

(1)　$4x+6=5(x+3)$
〈19 東京都〉

(2)　$x+2(x-3)=-12$

(3)　$3x-24=2(4x+3)$

(4)　$6(x-2)=5(x-2)$
〈福岡県〉

1
一次方程式

2
連立方程式

3
2次方程式

5 次の方程式を解きなさい。

(1) $0.6x = 0.2x - 0.8$

(2) $0.7x - 1 = 0.3x - 2$

(3) $0.12x - 0.23 = 0.17 - 0.08x$

(4) $0.6(3x - 1) = 0.4x$

 6 次の方程式を解きなさい。

(1) $\dfrac{2x + 9}{5} = x$
〈熊本県〉

(2) $\dfrac{3}{4}x - 7 = \dfrac{2}{5}x$

(3) $\dfrac{3x - 4}{4} = \dfrac{x + 2}{3}$
〈秋田県〉

(4) $\dfrac{2x - 1}{3} - \dfrac{x + 3}{2} = 2$

7 次の比例式を解きなさい。

(1) $6 : x = 2 : 3$

(2) $x : 16 = 5 : 4$
〈長崎県〉

(3) $(x - 6) : 9 = 5 : 3$

(4) $4 : (x - 6) = 8 : 6$

8 重さが異なる3個のおもり A, B, C と重さが120g のおもり D があります。A, B, C の3個のおもりの重さは, A, B, C の順に50g ずつ重くなっています。また, A, B, C, D の重さの合計は540g です。このとき, C の重さを求めなさい。
〈茨城県〉

 9 箱に入っているりんごを, 何人かの子どもで同じ数ずつ分けることにしました。1人6個ずつ分けると7個たりず, 1人5個ずつ分けると4個余ります。このとき, 箱に入っているりんごの個数を求めなさい。

10 あきこさんは, 1.8km 離れた駅に向けて家を出発しました。それから14分後に, お父さんは自転車で家を出発し, 同じ道を通って駅に向かいました。あきこさんは分速60m, お父さんは分速200m でそれぞれ一定の速さで進むとすると, お父さんが家を出発してから何分後に追いつくか, 求めなさい。
〈千葉県〉

11 ある中学校の2年生の生徒数は322人で, 1年生の生徒数よりも15%多いそうです。この中学校の1年生の生徒数を求めなさい。

ミス注意

→ 6
分母をはらうときの注意
分母をはらうとき, かけられる数が整数のときのかけ忘れのミスに注意する。

(2) $\dfrac{3}{4}x - 7 = \dfrac{2}{5}x$
両辺に20をかけると,
$\left(\dfrac{3}{4}x - 7\right) \times 20$
$= \dfrac{2}{5}x \times 20$
$15x - \cancel{\times} = 8x$

確認

→ 8, 9, 10, 11,
方程式の文章題の解き方
① どの数量を x で表すか決める。
② 問題の中の等しい数量関係をみつけ, 方程式に表す。
③ ②でつくった方程式を解く。
④ 解が問題に適しているかどうか調べる。

確認

→ 10
速さに関する公式
●(道のり)
　＝(速さ)×(時間)
●(速さ)
　＝(道のり)÷(時間)
●(時間)
　＝(道のり)÷(速さ)

入試レベルの問題で力をつけよう。

よく出る 1 次の方程式や比例式を解きなさい。

(1) $6x-7=4x+11$

(2) $4-3t=7t-26$
〈大阪府〉

(3) $5(2x+7)+20=3(1-x)$

(4) $0.46x+8.2=1.26x+23.2$

(5) $0.6(x-1.5)=0.4x+1$

(6) $\dfrac{9}{500}x+\dfrac{1}{3000}=0$

(7) $\dfrac{2}{3}(2x-5)=\dfrac{3}{4}(x-6)$

(8) $\dfrac{x-6}{8}-0.75=\dfrac{1}{2}x$
〈日本大第三高(東京)〉

(9) $\dfrac{2}{3}:\dfrac{4}{5}=x:8$

(10) $4:5=(2x-3):(3x-5)$

2 次の問いに答えなさい。

(1) x についての方程式 $5x+2a=8-x$ の解が -3 のとき，a の値を求めなさい。

(2) x についての方程式 $ax-12=5x-a$ の解が 6 であるとき，a の値を求めなさい。

(3) 比例式 $x:3=(x+4):5$ が成り立つ x について，$\dfrac{1}{4}x-2$ の値を求めなさい。
〈島根県〉

(4) x についての方程式 $\dfrac{3x-a}{6}=\dfrac{2a-x}{2}$ の解が -7 であるとき，a の値を求めなさい。

3 2つの数 a，b について，$a*b=a+b-ab$ とします。次の問いに答えなさい。

(1) $4*3$ の値を求めなさい。

(2) $x*2=3$ のとき，x の値を求めなさい。

(3) $2*(3*x)=-2$ のとき，x の値を求めなさい。

4 ある店で定価が同じ 2 枚のハンカチを 3 割引きで買いました。2000 円支払ったところ，おつりは 880 円でした。このハンカチ 1 枚の定価は何円か，求めなさい。 〈愛知県〉

 5 次の表は，ある週の日曜日から土曜日までの 7 日間の毎日の最低気温を表したものです。木曜日から土曜日までの 3 日間における最低気温の平均値は，日曜日から水曜日までの 4 日間における最低気温の平均値より 2.4℃高かったです。表中の x の値を求めなさい。 〈大阪府〉

	日曜日	月曜日	火曜日	水曜日	木曜日	金曜日	土曜日
最低気温(℃)	6.0	3.9	4.1	4.8	7.4	6.6	x

 6 ある金額を A，B 2 人に分けると，A は全体の $\frac{3}{4}$ よりも 300 円少なく，B は全体の $\frac{1}{3}$ よりも 100 円多くなりました。ある金額を求めなさい。 〈江戸川学園取手高(茨城)〉

 7 ある水そうを満水にするのにじゃ口 A だけで水を入れると 90 分かかります。また，同じ水そうを満水にするのにじゃ口 B だけでは 120 分かかります。あるとき両方のじゃ口を同時に開いて水を入れ始め，しばらくたった後にじゃ口 B から毎分出る水の量を半分にし，さらにその 5 分後にじゃ口 A から毎分出る水の量も半分にしたところ，60 分で満水になりました。このとき，じゃ口 B から毎分出る水の量を半分にしたのは水を入れ始めてから何分後ですか。

〈関西学院高等部(兵庫)〉

8 留美さんは，学校に登校するときに，弟を幼稚園に送りとどけています。弟といっしょに 7 時 50 分に家を出て，学校の前を通り過ぎ，幼稚園に着くとすぐに引き返し，8 時 18 分に学校に到着します。家から学校までの道のりは 1km で，弟といっしょのとき歩く速さは時速 3km，留美さん 1 人のとき歩く速さは時速 5km です。幼稚園から学校までの道のりを求めなさい。

9 2 つの容器 A，B があり，容器 A には 10%の食塩水 100g，容器 B には 5%の食塩水 200g が入っています。この 2 つの容器からそれぞれ xg の食塩水を取り出した後に，容器 A から取り出した食塩水を容器 B に，容器 B から取り出した食塩水を容器 A に入れ，それぞれよくかき混ぜる作業をしました。次の問いに答えなさい。 〈慶應義塾高(神奈川)〉

(1) この作業後の容器 A の食塩水に含まれる食塩は何 g ですか。x を用いた式で表しなさい。
【答えのみでよい】

 (2) この作業後，容器 A の食塩水の濃度が容器 B の食塩水の濃度の 1.5 倍になりました。x の値を求めなさい。

連立方程式

STEP01 要点まとめ ➡ 解答は別冊031ページ

にあてはまる数や記号・式を書いて, この章の内容を確認しよう。

最重要ポイント

連立方程式(れんりつほうていしき)……… $\begin{cases} x-y=2 \\ 2x+y=7 \end{cases}$ のように, 2つ以上の方程式を組にしたもの。

連立方程式の解(かい)……… 組み合わせたどの方程式も成り立たせる文字の値(あたい)の組。

加減法(かげんほう)………………… 2式の辺どうしを加えるかひくかして, 1つの文字を消去して, 1次方程式(じほうていしき)にして解(と)く方法。

代入法(だいにゅうほう)……………… 2式のうち, 一方の式を他方の式に代入して1つの文字を消去して, 1次方程式にして解く方法。

1 連立方程式の解き方

●加減法

❶ $\begin{cases} 5x-2y=-1 & \cdots\cdots① \\ x+3y=-7 & \cdots\cdots② \end{cases}$ を解きなさい。

▶▶▶ x の係数(けいすう)をそろえて, x を消去する。

①−②×₀₁ より, $-17y=$₀₂

よって, $y=$₀₃

これを②に代入すると, $x+3\times($₀₄ $)=-7$

したがって, $x=$₀₅

POINT 加減法での解き方

$$\begin{array}{r} ① \qquad 5x-2y=-1 \\ ②\times5 \quad -)\underline{5x+15y=-35} \\ -17y=34 \\ y=-2 \end{array}$$

!注意
y を消去するためには, ①×3+②×2 としなければならない。この場合, 計算が大変なので, x を消去するほうが計算が楽。

●代入法

❷ $\begin{cases} y=2x-1 & \cdots\cdots① \\ 2x+3y=21 & \cdots\cdots② \end{cases}$ を解きなさい。

▶▶▶ ①の式を②の式に代入して, y を消去する。

①を②に代入すると, $2x+3($₀₆ $)=21$

$2x+$₀₇ $-3=21, \ 8x=$₀₈ よって, $x=$₀₉

これを①に代入すると, $y=2\times$₁₀ $-1=$₁₁

!注意
連立方程式を解くとき, 加減法, 代入法のどちらを利用してもよい。

!注意
式を代入するときは, 式全体にかっこをつけて代入すること。

2 いろいろな連立方程式

3 $\begin{cases} x+2(x+2y)=10 & \cdots\cdots① \\ x+y=2 & \cdots\cdots② \end{cases}$ を解きなさい。 ▶▶▶分配法則を利用してかっこをはずし，式を整理してから解く。

①のかっこをはずすと，$x+2x+\boxed{12}\qquad =10$，$3x+\boxed{13}\qquad =10\cdots\cdots①'$

$①'-②\times\boxed{14}\qquad$ より，$y=\boxed{15}$ ◀x を消去する。

これを②に代入すると，$x+\boxed{16}\qquad =2$　したがって，$x=\boxed{17}$

4 $\begin{cases} 2x+y=4 & \cdots\cdots① \\ 0.7x-0.2y=2.5 & \cdots\cdots② \end{cases}$ を解きなさい。 ▶▶▶②の両辺に適当な数をかけて，係数を整数にする。

②の両辺に$\boxed{18}\qquad$をかけると，$7x-\boxed{19}\qquad =\boxed{20}\qquad \cdots\cdots②'$

$①\times\boxed{21}\qquad +②'$ より，$11x=\boxed{22}\qquad$　よって，$x=\boxed{23}$

これを①に代入すると，$2\times\boxed{24}\qquad +y=4$　したがって，$y=\boxed{25}$

5 $\begin{cases} \dfrac{x}{3}-\dfrac{y}{4}=5 & \cdots\cdots① \\ 2x+y=-10 & \cdots\cdots② \end{cases}$ を解きなさい。 ▶▶▶①の両辺に分母の最小公倍数をかけて分母をはらう。

①の両辺に 3 と 4 の最小公倍数$\boxed{26}\qquad$をかけると，

$\boxed{27}\qquad -3y=\boxed{28}\qquad \cdots\cdots①'$　$①'-②\times\boxed{29}\qquad$ より，$-5y=\boxed{30}$

> ⚠注意
> 数の項にも最小公倍数をかけるのを忘れずに。

よって，$y=\boxed{31}$

これを②に代入すると，$2x+(\boxed{32}\qquad)=-10$　したがって，$x=\boxed{33}$

3 連立方程式の利用

6 A 地点から 14km 離れた B 地点へ行きます。A 地点から，途中の C 地点までは時速 18km の自転車で走り，C 地点から B 地点までは時速 4km で歩いたら，全体で 1 時間 10 分かかりました。A 地点から C 地点まで，C 地点から B 地点までの道のりはそれぞれ何 km ですか。

▶▶▶A 地点から C 地点まで，C 地点から B 地点までの道のりをそれぞれ文字でおき，等しい関係式を 2 つつくる。

A 地点から C 地点までを $x$km，C 地点から B 地点までを $y$km とすると，

道のりの関係から，$x+y=\boxed{34}\qquad \cdots\cdots①$

時間の関係から，$\dfrac{x}{\boxed{35}}+\dfrac{y}{\boxed{36}}=\dfrac{7}{6}\quad \cdots\cdots②$

⬆1 時間 10 分 → $1\dfrac{10}{60}=\dfrac{70}{60}=\dfrac{7}{6}$（時間）

①，②を連立方程式として解くと，$x=\boxed{37}\qquad$ ，$y=\boxed{38}$

A 地点から C 地点までと，C 地点から B 地点までの道のりは，ともに正の数で 14km よりも短いから，$x=12$，$y=2$ は問題に合っている。◀解の確かめをする。

答　A 地点から C 地点まで$\boxed{39}\qquad$ km，C 地点から B 地点まで$\boxed{40}\qquad$ km

学習内容が身についたか,問題を解いてチェックしよう。

① 2つの2元1次方程式を組み合わせて,$x=4$,$y=-2$ が解となるような連立方程式をつくります。このとき,組み合わせる2元1次方程式はどれとどれですか。下のア～エの中から2つ選び,記号で答えなさい。

ア $x+y=-2$　イ $2x-y=10$　ウ $4x-2y=4$　エ $x+8y=-12$

② 次の連立方程式を解きなさい。

(1) $\begin{cases} 2x+y=12 \\ 3x-y=8 \end{cases}$

(2) $\begin{cases} x+4y=-1 \\ x-3y=6 \end{cases}$

(3) $\begin{cases} 2x+3y=-1 \\ -4x-5y=-1 \end{cases}$　(秋田県)

(4) $\begin{cases} 2x+y=-9 \\ 3x+5y=-3 \end{cases}$

(5) $\begin{cases} 7x-y=8 \\ -9x+4y=6 \end{cases}$　(18東京都)

(6) $\begin{cases} 3x-5y=7 \\ 2x-3y=4 \end{cases}$

③ 次の連立方程式を解きなさい。

(1) $\begin{cases} 2x-y=17 \\ y=-2x-5 \end{cases}$

(2) $\begin{cases} 2x-3y=11 \\ y=x-4 \end{cases}$　(18埼玉県)

(3) $\begin{cases} x=2+y \\ 9x-5y=2 \end{cases}$　(京都府)

(4) $\begin{cases} 2y=-x-9 \\ 7x+2y=9 \end{cases}$

④ 次の連立方程式を解きなさい。

(1) $\begin{cases} -x+y=-2 \\ 2x-(x-y)=16 \end{cases}$

(2) $\begin{cases} 2(x+y)-5y=4 \\ 5x-(x-2y)=-8 \end{cases}$

(3) $\begin{cases} 0.2x-0.3y=1.9 \\ -0.1x+0.2y=-1.1 \end{cases}$

(4) $\begin{cases} \dfrac{x}{6}-\dfrac{y}{4}=-2 \\ 3x+2y=3 \end{cases}$　(長崎県)

(5) $\begin{cases} \dfrac{1}{6}(x-3)+y=\dfrac{5}{3} \\ -(x+y)=x+7 \end{cases}$　(都立国分寺高)

(6) $\begin{cases} 0.3x-0.2y=0.6 \\ x+\dfrac{1}{2}(y-1)=\dfrac{3}{2} \end{cases}$　(都立墨田川高)

---

5 次の方程式を解きなさい。

(1) $3x+y=2x-y=5$

(2) $2x+y=x-5y-4=3x-y$

〈奈良県〉

 6 次の問いに答えなさい。

(1) x, y についての連立方程式 $\begin{cases} ax+by=1 \\ bx-2ay=8 \end{cases}$ の解が，$x=2$, $y=3$ であるとき，a, b の値をそれぞれ求めなさい。

〈島根県〉

(2) 次の2つの連立方程式の解が等しいとき，a, b の値を求めなさい。

$\begin{cases} ax+by=36 \\ 3x+y=-2 \end{cases}$ $\begin{cases} bx+ay=-4 \\ x-y=-10 \end{cases}$

7 最初に，姉は x 本，弟は y 本の鉛筆を持っています。最初の状態から，姉が弟に3本の鉛筆を渡すと，姉の鉛筆の本数は，弟の鉛筆の本数の2倍になります。また，最初の状態から，弟が姉に2本の鉛筆を渡すと，姉の鉛筆の本数は，弟の鉛筆の本数よりも25本多くなります。x, y の値をそれぞれ求めなさい。

〈新潟県〉

 8 ある中学校の生徒数は180人です。このうち，男子の16%と女子の20%の生徒が自転車で通学しており，自転車で通学している男子と女子の人数は等しいです。このとき，自転車で通学している生徒は全部で何人か，求めなさい。

〈愛知県〉

9 ある学校ではリサイクル活動として，毎月，古新聞と古雑誌を分別して回収しています。3か月前は，古新聞と古雑誌を合わせて1150kg回収しました。今月は3か月前に比べて，古新聞が30%増え，古雑誌が20%減り，合わせて1190kg回収しました。3か月前の古新聞と古雑誌の回収量は，それぞれ何kgであったか，求めなさい。

10 あおいさんの自宅からバス停までと，バス停から駅までの道のりの合計は3600mです。ある日，あおいさんは自宅からバス停まで歩き，バス停で5分間待ってから，バスに乗って駅に向かったところ，駅に到着したのは自宅を出発してから20分後でした。あおいさんの歩く速さは毎分80m，バスの速さは毎分480mでそれぞれ一定とします。このとき，あおいさんの自宅からバス停までの道のりを xm，バス停から駅までの道のりを ym として連立方程式をつくり，自宅からバス停までとバス停から駅までの道のりをそれぞれ求めなさい。ただし，途中の計算も書くこと。

〈栃木県〉

1 一次方程式

2 連立方程式

3 2次方程式

ヒント 💬

➡ 6

文字定数をふくむ連立方程式

(2) 解が同じだから，解は4つの方程式を成り立たせる。そこで，第1式の下の式と第2式の下の式を連立させ，まず解を求める。

 確認 💡

➡ 7, 8, 9, 10

連立方程式の文章題の解き方

① どの数量を x, y で表すか決める。

② 問題の中の等しい数量関係を2つみつけ，方程式に表す。

③ ②でつくった連立方程式を解く。

④ 解が問題に適しているかどうか調べる。

ミス注意 ❗

➡ 8, 9

増減の表し方

次の違いに注意する。

$a\%$ ➡ $a×0.01$

$a\%$増 ➡ $a×(1+0.01)$

$a\%$減 ➡ $a×(1-0.01)$

入試レベルの問題で力をつけよう。

 1 次の連立方程式を解きなさい。

(1)
$$\begin{cases} 5x+y=14 \\ x-4y=7 \end{cases}$$

(2)
$$\begin{cases} 2x+3y=-1 \\ 7x+6y=-17 \end{cases}$$

(3)
$$\begin{cases} 4x+3y=1 \\ 3x-2y=-12 \end{cases}$$

(4)
$$\begin{cases} 3x+7y=4 \\ 5x+4y=-1 \end{cases}$$
〈同志社高(京都)〉

(5)
$$\begin{cases} x-2y=11 \\ y-2x=-16 \end{cases}$$

(6)
$$\begin{cases} 17x+19y=-13 \\ 19x+17y=-23 \end{cases}$$

(7)
$$\begin{cases} -x+y=5 \\ x=-2y+7 \end{cases}$$

(8)
$$\begin{cases} 2x-5y=-2 \\ y=x-5 \end{cases}$$
〈奈良県〉

(9)
$$\begin{cases} 7x-6y=-2 \\ 2y=3x-2 \end{cases}$$

(10)
$$\begin{cases} x=y+5 \\ x=3y-1 \end{cases}$$

 2 次の連立方程式を解きなさい。

(1)
$$\begin{cases} 3(x+y)-(x-9)=25 \\ 2x-y=8 \end{cases}$$

(2)
$$\begin{cases} 5(x-y)+6y=-17 \\ 8x-5(x+y)=-27 \end{cases}$$

(3)
$$\begin{cases} \left(x+\dfrac{1}{3}\right)+2\left(y+\dfrac{1}{3}\right)=6 \\ 4\left(x+\dfrac{1}{3}\right)+5\left(y+\dfrac{1}{3}\right)=8 \end{cases}$$

(4)
$$\begin{cases} 2(x-y)+5(x+y)=18 \\ 4(x-y)-(x+y)=58 \end{cases}$$

(5)
$$\begin{cases} (x+4):(y+1)=5:2 \\ 3(x-y)+8=2x+5 \end{cases}$$

(6)
$$\begin{cases} 3x+2y=7 \\ (x+y+2):(x-2y+4)=4:9 \end{cases}$$

3 次の連立方程式を解きなさい。

(1) $\begin{cases} \dfrac{x}{2} - \dfrac{y}{4} = 1 \\ \dfrac{x}{3} + \dfrac{y}{2} = 2 \end{cases}$ 〈江戸川学園取手高(茨城)〉

(2) $\begin{cases} 1.2x - 0.8y = -3.2 \\ \dfrac{x-1}{3} = \dfrac{-3+y}{2} \end{cases}$ 〈東海大附浦安高(千葉)〉

(3) $\begin{cases} 1.25x + 0.75y = 1 \\ 2.1x - 1.4y = 7 \end{cases}$ 〈中央大附高(東京)〉

(4) $\begin{cases} 0.3x + 0.2y = 1 \\ \dfrac{x}{36} - \dfrac{y}{9} = 1 \end{cases}$ 〈和洋国府台女子高(千葉)〉

(5) $\begin{cases} \dfrac{2}{x} - \dfrac{3}{y} = 12 \\ \dfrac{5}{x} + \dfrac{2}{y} = 11 \end{cases}$ 〈法政大女子高(神奈川)〉

(6) $\begin{cases} \dfrac{1}{2x-3y} + \dfrac{2}{x+2y} = 3 \\ \dfrac{3}{2x-3y} - \dfrac{2}{x+2y} = 5 \end{cases}$ 〈久留米大附設高(福岡)〉

(7) $5x + 4y = 7x + 5y = 1$ 〈土浦日本大高(茨城)〉

(8) $x - y + 1 = 3x + 7 = -2y$ 〈大阪府〉

4 次の連立方程式を解きなさい。

(1) $\begin{cases} (\sqrt{2}+3)x + 6y = -2 \\ (3\sqrt{2}-2)x - 4y = 16 \end{cases}$ 〈巣鴨高(東京)〉

(2) $\begin{cases} 0.3(x-1) + 0.4y = \dfrac{1}{5} \\ \dfrac{x}{4} - \dfrac{y}{3} = \dfrac{5}{6} \end{cases}$ 〈青雲高(長崎)〉

(3) $\begin{cases} x + 0.5y = 0.25 \\ \dfrac{1}{5}(x - 3y) = \dfrac{3}{4} \end{cases}$ 〈都立墨田川高〉

(4) $\begin{cases} \dfrac{1}{4}(x+1) - \dfrac{y-2}{3} = 1 \\ 0.3(x+3) - 0.1y = 1 \end{cases}$ 〈広島大附高(広島)〉

(5) $\begin{cases} \dfrac{2x-y}{3} = \dfrac{y}{2} - 1 \\ (x+1) : (y-2) = 3 : 4 \end{cases}$ 〈日本大第二高(東京)〉

(6) $\begin{cases} \dfrac{x-y}{3} + \dfrac{2}{5}(y-2) = 0.2(1-3y) \\ (3-2x) : y = 5 : 2 \end{cases}$ 〈都立国立高〉

5 次の問いに答えなさい。

(1) 連立方程式 $\begin{cases} (3-x) : (y+1) = 5 : 2 \\ 3y + 2z = 1 \\ 5x + 2y + z = 1 \end{cases}$ を解くと，$x = \boxed{}$, $y = \boxed{}$, $z = \boxed{}$ です。

〈開成高(東京)〉

(2) 連立方程式 $\begin{cases} 3x + 6y - z = 9 \\ 6x - 5y + z = 18 \end{cases}$ をみたす自然数 x, y, z の値をすべて求めなさい。

6 次の問いに答えなさい。

(1) x, y についての連立方程式 $\begin{cases} x+2y=15 \\ ax+y=14 \end{cases}$ の解が，ともに自然数になるとき，自然数 a の値をすべて求めると $\boxed{}$ です。

〈福岡大附大濠高（福岡）〉

(2) 連立方程式 $\begin{cases} 2x+y=5a-13 \\ 3x-2y=-2a+1 \end{cases}$ の解は，y が x の 2 倍になっています。このとき，a の値を求めなさい。

〈近畿大附高（大阪）〉

(3) x, y の連立方程式 $\begin{cases} 9x+2ay=6 \\ \dfrac{x}{2}-ay=-1 \end{cases}$ の解の比は $x:y=2:7$ です。x, y の値，および定数 a の値を求めなさい。

〈関西学院高等部（兵庫）〉

(4) x, y についての連立方程式 $\begin{cases} 2x-y+1=0 \\ ax+3y-5=0 \end{cases}$ は $a=\boxed{}$ のとき，解をもちません。

〈國學院大久我山高（東京）〉

(5) x, y についての 2 組の連立方程式 $\begin{cases} 2x-\dfrac{2}{7}y+2=ax+by=x+1 \\ bx+ay+2=\dfrac{x+9y}{4}=16 \end{cases}$ が，同じ解をもつとき，a，b の値を求めなさい。また，連立方程式の解も求めなさい。

〈立命館高（京都）〉

7 3 組（K 組，E 組，I 組）の生徒 120 人に対して数学の試験を行ったところ，3 組全体の平均点は 51.8 点でした。各組の平均点は K 組 51 点，E 組 52 点，I 組 53 点であり，K 組と E 組の生徒人数比は 5 : 6 です。このとき，各組の生徒数を求めなさい。

〈慶應義塾高（神奈川）〉

8 ゆうきさんは，家族の健康のためにカロリーを控えめにしたおかずとして，ほうれん草のごま和えを作ろうと考えています。食事全体の量とカロリーのバランス

食品名	分量に対するカロリー
ほうれん草	270g あたり 54kcal
ごま	10g あたり 60kcal

を考えて，ほうれん草のごま和え 83g で，カロリーを 63kcal にします。上の表は，ほうれん草とごまのカロリーを示したものです。このとき，ほうれん草とごまは，それぞれ何 g にすればよいですか。その分量を求めなさい。ただし，用いる文字が何を表すかを示して方程式をつくり，それを解く過程も書くこと。

〈岩手県〉

9 2つの商品 A，B をそれぞれ何個かずつ仕入れました。1日目は，A，B それぞれの仕入れた数の 75％，30％ が売れたので，A と B の売れた総数は，A と B の仕入れた総数の半分より 9 個多かったです。2日目は，A の残りのすべてが売れ，B の残りの半分が売れたので，2日目に売れた A と B の総数は 273 個でした。仕入れた A，B の個数をそれぞれ求めなさい。答えのみでなく求め方も書くこと。　　　　　　　　　　　　　　　　　〈桐朋高(東京)〉

10 A，B 2つの容器に，それぞれ a％ の食塩水 900g と，b％ の食塩水 500g が入っています。最初に A から 100g の食塩水を取り出し B に加えました。　　　　　　　　　　〈19 青山学院高等部(東京)〉

(1) このとき，B の容器に含まれる食塩は何 g ですか。a，b を用いて表しなさい。

(2) その後，B から 100g の食塩水を取り出して A に加えたところ，A の濃度は 8.50％，B の濃度は 2.50％ になりました。a，b の値を求めなさい。

11 3けたの正の整数 N があります。N を 100 でわった余りは百の位の数を 12 倍した数に 1 加えた数に等しいです。また，N の一の位の数を十の位に，N の十の位の数を百の位に，N の百の位の数を一の位にそれぞれおきかえてできる数はもとの整数 N より 63 大きいです。このとき，正の整数 N を求めなさい。　　　　　　　　　　　　　　　　　〈西大和学園高(奈良)〉

12 周囲 1.8km の池のまわりを，P 地点から A 君は分速 am，B 君は分速 bm の一定の速さで移動します。ただし，$a<b$ です。

池
P

① A 君と B 君が同時に出発し反対方向に回ると，8 分後に 2 人は初めて出会います。

② A 君と B 君が同時に出発し同じ方向に回ると，40 分後に B 君は A 君より 1 周多く移動し追いつきます。

このとき，次の □ をうめなさい。　　　　　　　　　　　　　　　〈土浦日本大高(茨城)〉

(1) ①より，$a+b=$ □ です。

(2) ①，②より，$b=$ □ です。

(3) A 君が先に出発し，P 地点にもどる前に，B 君は同じ方向に回り A 君を追いかけます。B 君が出発してから 10 分後に A 君に追いつきました。このとき，A 君が移動していた時間は □ 分です。

13 長さ 280m の鉄橋を渡り始めてから渡り終えるまで 25 秒かかる貨物列車が，速さが毎秒 18m で長さが 145m の特急列車と，出会ってからすれ違い終わるまでに 10 秒かかりました。貨物列車の長さは何 m で，速さは毎秒何 m ですか。それぞれ求めなさい。

2次方程式

➡ 解答は別冊039ページ

STEP01 要点まとめ

00 にあてはまる数や記号・式を書いて，この章の内容を確認しよう。

最重要ポイント

2次方程式‥‥‥‥‥‥‥‥‥‥‥‥‥（x の2次式）＝0 の形に変形できる方程式。
2次方程式の解‥‥‥‥‥‥‥‥‥‥‥2次方程式を成り立たせる文字の値。
因数分解を利用する解き方‥‥‥‥‥‥（$x+m$）（$x+n$）＝0 ならば，$x=-m$ または $x=-n$
平方根の考え方を利用する解き方‥‥‥$x^2=p\,(p>0)$ ならば，$x=\pm\sqrt{p}$
解の公式を利用する解き方‥‥‥‥‥‥$ax^2+bx+c=0\,(a\neq0)$ の解は，$x=\dfrac{-b\pm\sqrt{b^2-4ac}}{2a}$

1 ▶ 因数分解を利用する解き方

1 $x^2-13x+36=0$ を解きなさい。

▶▶▶ 左辺を因数分解し，「$AB=0$ ならば，$A=0$ または $B=0$」を利用する。

積が 36，和が -13 となる2つの数は -4 と ₀₁　　　だから，

（$x-4$）（$x-$ ₀₂　　　）＝0　　　$x-4=0$ または $x-$ ₀₃　　　＝0

したがって，$x=4$，$x=$ ₀₄　　　●‥‥‥‥ ⏺注意

　　　　　　　　　　　　　　　　（$x-4$）（$x-9$）＝0 の解は，$x=-4$，$x=-9$ ではない。

2 ▶ 平方根の考えを使う解き方

2 $4x^2-25=0$ を解きなさい。

▶▶▶ $ax^2-b=0$ の形の2次方程式は変形し，$x^2=\dfrac{b}{a}$ とする。

$4x^2-25=0$，　$4x^2=$ ₀₅　　　，　$x^2=\dfrac{₀₆}{4}$，　$x=\pm\sqrt{\dfrac{₀₇}{4}}=$ ₀₈

3 （$x-5$）$^2=18$ を解きなさい。

　　　　　　　　　　　　　⬆$x=\pm\dfrac{5}{2}$とは，$x=\dfrac{5}{2}$または$x=-\dfrac{5}{2}$

▶▶▶ $x-5=X$ とおくと，$X^2=p\,(p>0)$ の形の2次方程式になる。

（$x-5$）$^2=18$ で，$x-5=X$ とおくと，₀₉　　　$=18$，$X=\pm3\sqrt{₁₀}$

X を $x-5$ にもどすと，$x-5=\pm3\sqrt{₁₁}$　　　よって，$x=5\pm$ ₁₂

⏺注意

文字をおきかえたら，もとにもどすのを忘れないこと。

3 ２次方程式の解の公式

4 $2x^2-7x+2=0$ を解きなさい。

▶▶▶解の公式 $x=\dfrac{-b\pm\sqrt{b^2-4ac}}{2a}$ に，a，b，c の値を代入して求める。

$ax^2+bx+c=0$ で，$a=2$，$b=$ _13_ ，$c=$ _14_ の場合だから，

$2x^2-7x+2=0$ の解は，$x=\dfrac{-(\text{\scriptsize 15}\quad\quad)\pm\sqrt{(-7)^2-4\times2\times\text{\scriptsize 16}}}{2\times2}=$ _17_

4 いろいろな２次方程式

5 $\dfrac{1}{4}(x+2)(x-9)=-6$ を解きなさい。

▶▶▶分母をはらい，係数が整数の２次方程式になおす。

両辺に _18_ をかけると，

$(x+$ _19_ $)(x-9)=$ _20_ ，x^2- _21_ $-18=$ _22_

$x^2-7x+6=0$，$(x-1)(x-$ _23_ $)=0$

よって，$x=1$，$x=$ _24_

6 ２次方程式 $x^2+ax+b=0$ の２つの解が -4 と -6 のとき，a，b の値を求めなさい。

▶▶▶２つの解を方程式に代入して，ある文字についての方程式をつくる。

$x^2+ax+b=0$ ……①とおく。①に $x=$ _25_ を代入すると，$16-4a+b=0$ ……②

①に $x=$ _26_ を代入すると，$36-6a+b=0$ ……③ ←②，③を a，b についての

②－③より，$-20+2a=0$，$a=$ _27_ 連立方程式とみて解く。

これを②に代入すると，$16-4\times$ _28_ $+b=0$，$b=$ _29_

5 ２次方程式の利用

7 ある正の整数に２を加えて３倍すると，もとの数に３を加えて２乗した数より 21 小さくなりました。もとの数を求めなさい。

▶▶▶ある正の整数を文字でおき，数の関係についての方程式をつくる。

ある正の整数を x とおくと，この数に２を加えて３倍した数は，$3($ _30_ $+2)$

もとの数に３を加えて２乗した数は，$(x+$ _31_ $)^2$

!注意
$3x+2$ としないように。

したがって，方程式は，$3(x+2)=(x+3)^2-$ _32_ ，

$3x+6=x^2+6x-$ _33_ ，$x^2+3x-18=0$，$(x-$ _34_ $)(x+6)=0$

$x=$ _35_ ，$x=-6$　　x は正の整数だから，$x=$ _36_ のみ問題に合っている。

答　もとの数 _37_

!注意
解の確かめを忘れ，$x=-6$
も答えにふくめないように。

学習内容が身についたか，問題を解いてチェックしよう。

1 次の2次方程式を解きなさい。

(1) $(x-2)(x-3)=0$

(2) $x^2+7x=0$
〈新潟県〉

(3) $x^2+2x-24=0$

(4) $x^2-8x+16=0$
〈宮城県〉

(5) $x^2+12x+35=0$
〈18 東京都〉

(6) $x^2-x-20=0$
〈宮城県〉

(7) $x^2+6x-16=0$
〈島根県〉

(8) $x^2-2x-35=0$
〈岩手県〉

(9) $x^2-3x-54=0$

(10) $x^2-10x-24=0$

2 次の2次方程式を解きなさい。

(1) $x^2-5=3x+5$

(2) $(x+2)(x-2)=-3x$

(3) $(x+2)^2=-5x-14$

(4) $(x-3)(x+4)=-6$
〈香川県〉

(5) $(x+1)(x-1)=x+5$
〈駿台甲府高(山梨)〉

(6) $x(x+6)=3x+10$
〈福岡県〉

(7) $2(x-3)=(3-x)^2$

(8) $(x-1)(x+2)=7(x-1)$
〈大分県〉

(9) $(x+3)(x-2)-2x=0$
〈法政大第二高(神奈川)〉

(10) $(x+2)(x+1)=3(x+2)$

3 次の2次方程式を解きなさい。

(1) $x^2=169$

(2) $x^2=32$

(3) $3x^2-48=0$

(4) $5x^2-50=0$

(5) $(x-1)^2-2=0$

(6) $(x+6)^2=18$
〈石川県〉

(7) $(x+4)^2-5=0$
〈17 埼玉県〉

(8) $(x-8)^2-49=0$

確認

→ 1

どちらか一方は0
$AB=0$ ならば，A，B の一方は0である。
すなわち，$AB=0$ ならば，$A=0$ または $B=0$

ミス注意

→ 1 (1)

答えの符号
$(x-2)(x-3)=0$ から，$x＝✗2$，$y＝✗3$ のような符号のミスに注意する。

確認

→ 2

やや複雑な形の2次方程式
かっこがあれば，かっこをはずし，式を整理して，$ax^2+bx+c=0$ の形に変形する。その後，左辺が因数分解できないか考える。

確認

→ 3

平方根の考え方を使う2次方程式
(3)(4) $ax^2-b=0$
→ $ax^2=b$
→ $x^2=\dfrac{b}{a}$
→ $x=\pm\sqrt{\dfrac{b}{a}}$
と変形する。

4 次の2次方程式を解きなさい。

(1) $x^2+x-3=0$
〈青森県〉

(2) $2x^2+5x+1=0$
〈宮崎県〉

(3) $3x^2-5x+2=0$
〈秋田県〉

(4) $x^2+3x-2=0$
〈徳島県〉

(5) $x^2+4x-6=0$

(6) $x^2-8x+11=0$

(7) $x^2-\sqrt{10}x-2=0$

(8) $3x^2-4x=5$
〈近畿大附高(大阪)〉

 ヒント

→ 4
2次方程式の解の公式
2次方程式
$ax^2+bx+c=0(a, b, c$
は定数で, $a\neq0)$の解は,
$x=\dfrac{-b\pm\sqrt{b^2-4ac}}{2a}$
で求められる。

 5 次の問いに答えなさい。

(1) 2次方程式 $x^2-ax-12=0$ の解の1つが2のとき, aの値ともう1つの解を求めなさい。ただし, 答えを求める過程がわかるように, 途中の式も書くこと。
〈高知県〉

(2) 2次方程式 $2x^2-(2a-3)x-a^2-6=0$ の1つの解が $x=-2$ であるとき, a の値を求めなさい。
〈中央大附高(東京)〉

 ヒント

→ 5(1)
2次方程式の解と係数の問題の考え方
① $x^2-ax-12=0$ にわかっている解を代入する。
② ①でつくった a についての方程式を解き, a の値を求める。

6 次の問いに答えなさい。

(1) ある自然数 x に4を加えて2倍すると, x に4を加えて2乗したときより15だけ小さくなります。このとき, ある自然数 x を求めなさい。

(2) 連続する3つの自然数があり, もっとも小さい数ともっとも大きい数の積がまん中の数の2倍より23大きくなります。この3つの自然数を求めなさい。

 確認

→ 6
2次方程式の文章題の解き方
① どの数量を x で表すか決める。
② 問題の中の等しい数量関係をみつけ, 2次方程式に表す。
③ ②でつくった2次方程式を解く。
④ 解が問題に適しているかどうか調べる。

(3) 右の図のように, 1辺の長さが $x$cm の正方形の横の長さを3cm長くして長方形をつくったら, その面積はもとの正方形の面積の2倍より10cm^2 だけ小さくなりました。x の値を求めなさい。

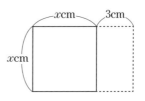

(4) 右の図で, 点Pは関数 $y=x+3$ のグラフ上の点で, 点Qは x 軸上にあり, △POQ は PO=PQ の二等辺三角形です。△POQ の面積が18のとき, 点Pの座標を求めなさい。ただし, 点Pの x 座標は正とします。

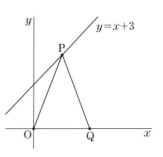

入試レベルの問題で力をつけよう。

 1 次の2次方程式を解きなさい。

(1) $x(x-3)=4$

(2) $x(x+3)-40=0$

(3) $(x+4)(x-4)=-1$
〈京都府〉

(4) $x^2+27=6(3-x)$

(5) $2x^2+6=(x+2)^2$
〈和洋国府台女子高(千葉)〉

(6) $(x-6)(x-1)=2x$
〈都立墨田川高〉

(7) $x(x-1)=3(x+4)$
〈福岡県〉

(8) $(x-6)^2-7(x-8)-9=0$
〈都立西高〉

(9) $x(x-1)+(x+1)(x+2)=3$
〈都立青山高〉

(10) $(x-1)^2+(x-2)^2=(x-3)^2$

 2 次の2次方程式を解きなさい。

(1) $x^2-\dfrac{4}{3}x-1=0$
〈近畿大附高(大阪)〉

(2) $\dfrac{x(x-2)}{4}=-\dfrac{1}{6}$
〈法政大高(神奈川)〉

(3) $\left(x-\dfrac{1}{2}\right)^2-\dfrac{1}{4}x(x+1)=0$
〈成蹊高(東京)〉

(4) $0.4x^2-\dfrac{2}{5}x-\dfrac{1}{15}=0$

(5) $(x-2)^2+7(x-2)+12=0$
〈洛南高(京都)〉

(6) $(x-3)^2-2(x-3)-35=0$

(7) $(x+4)^2-3(x+4)+2=1$
〈18 都立新宿高〉

(8) $(x-\sqrt{2})^2+5(x-\sqrt{2})-24=0$

(9) $\dfrac{(x+2)(x+1)}{4}+1=\dfrac{(x-2)(x+2)}{3}-\dfrac{x-11}{6}$
〈関西学院高等部(兵庫)〉

(10) $(x-3)^2+4(x-5)(x+5)=3(x-5)(x+6)-11$
〈中央大附高(東京)〉

3 次の問いに答えなさい。

(1) 2次方程式 $x^2+6x+2=0$ の解を求めなさい。ただし，解の公式を使わずに，「$(x+▲)^2=●$」の形に変形して平方根(へいほうこん)の考えを使って解き，解を求める過程がわかるように，途中の式も書くこと。
〈高知県〉

(2) $x>0$ とするとき，次の式をみたす x の値を求めなさい。
〈東京工業大附科技高(東京)〉
$$1:(x+2)=(x+2):(5x+16)$$

4 次の連立方程式を解きなさい。

(1) $\begin{cases} x-y=\sqrt{5} \\ x^2-y^2=15 \end{cases}$ 〈城北高(東京)〉

(2) $\begin{cases} a^2+b^2=3(a+b)+4 \\ a+b=7 \end{cases}$ 〈巣鴨高(東京)〉

(3) $\begin{cases} \dfrac{1}{x}+\dfrac{1}{y}=-5 \\ xy=4 \end{cases}$ (ただし, $x>y$ とする。) 〈開成高(東京)〉

(4) $\begin{cases} (3x-2y)^2+8(3x-2y)+16=0 \\ 5xy+15x-2y-6=0 \end{cases}$ 〈渋谷教育学園幕張高(千葉)〉

5 次の問いに答えなさい。

(1) 2次方程式 $x^2-3x-3=0$ の2つの解を a, b とするとき, a^2b+ab^2 の値を求めると ☐ です。 〈福岡大附大濠高(福岡)〉

(2) $\begin{cases} x^2+2xy+y^2=10 \\ x-y=2 \end{cases}$ のとき, xy の値を求めなさい。 〈久留米大附設高(福岡)〉

(3) $<x>=2x+6$ とするとき,
$<a^2>-<-2a>-<5>=0$ となるような a の値をすべて求めなさい。 〈中央大杉並高(東京)〉

(4) 4つの数 a, b, c, d について, $\begin{vmatrix} a & b \\ c & d \end{vmatrix}=ab-cd$ とします。たとえば,
$\begin{vmatrix} 2 & 3 \\ 4 & 5 \end{vmatrix}=2\times3-4\times5=-14$ です。$\begin{vmatrix} x & x \\ 1 & 3x \end{vmatrix}=3$ をみたす x の値を求めなさい。 〈鹿児島県〉

 (5) a を正の定数とします。x についての2次方程式
$x^2-2x-15=0$ ……①
$x^2+4x+a=0$ ……②
があり, ①の解の1つが②の解になっています。
このとき, $a=$ ☐ア☐ で, ②のもう1つの解は $x=$ ☐イ☐ です。 〈成城高(東京)〉

(6) 2次方程式 $ax^2+bx-33=0$ は異符号の2つの解 c, d をもち, $c-d=\dfrac{7}{2}$ で, c と d の絶対値の比は 11:3 です。a, b の値を求めなさい。 〈慶應義塾志木高(埼玉)・改〉

6 商品 A は，1 個 120 円で売ると 1 日あたり 240 個売れ，1 円値下げするごとに 1 日あたり 4 個
多く売れるものとします。次の(1)〜(3)の問いに答えなさい。 (岐阜県)

(1) 1 個 110 円で売るとき，1 日で売れる金額の合計はいくらになるか求めなさい。

(2) x 円値下げするとき，1 日あたり何個売れるかを，x を使った式で表しなさい。

(3) 1 個 120 円で売るときよりも，1 日で売れる金額の合計を 3600 円増やすためには，1 個何円で
売るとよいか求めなさい。

 7 右の図のような AB＝2cm，AD＝$x$cm の長方形 ABCD があります。
この長方形を，直線 AB を軸として 1 回転させてできる立体の表面積は
96π cm² でした。このとき，x の方程式をつくり，辺 AD の長さを求め
なさい。ただし，π は円周率です。 (栃木県)

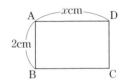

 8 K バス会社の路線バスは，M 駅バス停から I 高校前バス停までの 1 人当たりの運賃は 200 円
です。この区間で運賃を x％値上げしたところ，1 か月ののべ乗客数が $\frac{2}{3}x$％減少し，1 か月
の総売り上げが 4％増えました。このとき，x を用いた方程式をたてて，x の値をすべて求め
なさい。なお，途中過程も書くこと。 (市川高(千葉))

9 10％の食塩水 100g から xg の食塩水を取り出し，残った食塩水に水を加えてもとどおり 100g
にします。次によくかき混ぜてから $2x$g の食塩水を取り出し，残った食塩水に水を加えても
とどおり 100g にしたところ 4.8％の食塩水になりました。 (愛光高(愛媛))

(1) 1 回目に食塩水を取り出した後，残った食塩水の中に含まれている食塩の重さを x の式で表し
なさい。（答えだけでよい）

(2) x の値をすべて求めなさい。（式と計算を必ず書くこと）

10 2.8km 離れた駅と学校があります。大輔君は徒歩で，駅から学校に分速 80m で移動しました。
先生は自転車で，大輔君が出発するのと同時に学校を出発し，分速 xm で駅に向かいました。
すると，出発してから y 分後に花屋の前で 2 人はすれ違い，その 4 分後に先生は駅に到着し
ました。このとき，次の ⬚ をうめなさい。 (土浦日本大高(茨城))

(1) 大輔君が学校に到着するのは，駅を出発してから ア 分後である。

(2) 駅から花屋までの距離を x を用いて表すと イ xm，y を用いて表すと ウ ym である。

(3) x＝ エ ，y＝ オ である。

関数編

1 関数 比例・反比例

STEP01 **要点まとめ** → 解答は別冊047ページ

00 にあてはまる数や式, グラフをかいて, この章の内容を確認しよう。

最重要ポイント

比例の式……………$y=ax$（a は定数）

比例のグラフ………原点を通る直線。
- $a>0$ のとき，右上がりの直線。
- $a<0$ のとき，右下がりの直線。

反比例の式……………$y=\dfrac{a}{x}$（a は定数）

反比例のグラフ……原点について対称な双曲線。

1 比例

1 y は x に比例し，$x=2$ のとき $y=6$ です。y を x の式で表しなさい。

▶▶▶ y が x に比例するとき，比例定数を a とすると，$y=ax$ とおける。

$x=2$ のとき $y=6$ だから， 01 $=a\times$ 02 ， $a=$ 03

よって，$y=$ 04

⚠注意
x の値と y の値を逆に代入しないように。

2 座標

2 右の図で，点 A，B，C の座標を求めなさい。

▶▶▶ x 座標が a，y 座標が b の点の座標は (a, b)

点 A の x 座標は 05 ，y 座標は 06 だから，

A(07)

点 B の x 座標は 08 ，y 座標は 09 だから，

B(10)

点 C の x 座標は 11 ，y 座標は 12 だから，

C(13)

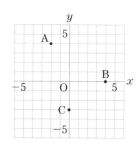

POINT x 軸，y 軸上の点

x 軸上の点 ➡ y 座標が 0

y 軸上の点 ➡ x 座標が 0

3 比例のグラフ

3 $y=\dfrac{3}{2}x$ のグラフをかきなさい。

▶▶▶ 比例の関係 $y=ax$ のグラフは，**原点を通る直線**である。

$x=2$ のとき，$y=\dfrac{3}{2}\times 2=_{14}$

よって，グラフは原点と点($_{15}$)←原点以外にグラフが
を通る直線をかく。　　　　　　　　　　通る点を見つける。

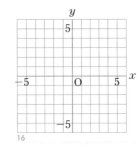

16

4 反比例

4 y は x に反比例し，$x=3$ のとき $y=-4$ です。y を x の式で表しなさい。

▶▶▶ y が x に反比例するとき，比例定数を a とすると，$y=\dfrac{a}{x}$ とおける。

$x=3$ のとき $y=-4$ だから，$_{17}$ $=\dfrac{a}{_{18}}$，$a=_{19}$

よって，$y=$
$_{20}$

> **POINT** **反比例の式**
> 比例定数を a と
> すると，$xy=a$
> と表せる。

5 反比例のグラフ

5 $y=\dfrac{4}{x}$ のグラフをかきなさい。

▶▶▶ 反比例の関係 $y=\dfrac{a}{x}$ のグラフは，原点について対称な**双曲線**である。

対応する x，y の値を求めると，下の表のようになる。

x	-4	-2	-1	0	1	2	4
y	$_{21}$	$_{22}$	$_{23}$	✕	$_{24}$	$_{25}$	$_{26}$

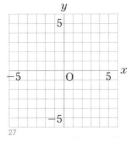

27

⬆️グラフは x 軸，y 軸に近づ
きながら限りなくのびるが，
座標軸と交わることはない。

6 比例と反比例の利用

6 くぎ24本の重さをはかると56gありました。同じくぎ600本の重さは何gですか。

▶▶▶ くぎの重さはくぎの本数に比例することを利用する。

くぎ x 本の重さを yg とすると，y は x に比例するから，$y=ax$ とおける。

$y=ax$ に $x=24$，$y=56$ を代入して，$56=a\times 24$，$a=$
　　　　　　　　　　　　　　　　　　　　　　　　　　　　$_{28}$

よって，式は，$y=$　　　　　　　　　　　　⬆️約分する。
$_{29}$

したがって，600本のくぎの重さは，$y=$ 　　　$\times 600=_{31}$ 　　　(g)
$_{30}$

学習内容が身についたか, 問題を解いてチェックしよう。

1 A さんは, 家から 1.5km 離れた公園まで, 毎分 60m の速さで歩いて行くことにしました。A さんが家を出発してから x 分後の家からの道のりを ym とするとき, 次の問いに答えなさい。

(1) y を x の式で表しなさい。

(2) 家を出発してから 6 分後には, 家から何 m のところにいますか。

(3) 家と公園のちょうど中間地点を通るのは, 家を出発してから何分何秒後ですか。

(4) x の変域を求めなさい。

 確認

→ **1**(4)
変域とその表し方
変数のとりうる値の範囲を変域という。
例 x が 2 以上 6 以下であることを, $2 \leqq x \leqq 6$ と表す。
例 x が -3 より大きく 1 未満であることを, $-3 < x < 1$ と表す。

 2 次の①～④のうち, y が x に反比例するものを 1 つ選び, その番号を答えなさい。　　　　　〈長崎県〉

① 100L の水を xL 使ったときの残りの水の量 yL

② 半径 $x$cm の円の面積 $y$cm²

③ 時速 4km で x 時間歩いたときの進んだ道のり $y$km

④ 面積 6cm² の三角形の底辺の長さ $x$cm, 高さ $y$cm

3 次の問いに答えなさい。

(1) y は x に比例し, $x=2$ のとき $y=-8$ です。$x=-1$ のときの y の値を求めなさい。　　　　　〈栃木県〉

 (2) y は x に反比例し, $x=-3$ のとき $y=8$ です。$x=6$ のときの y の値を求めなさい。　　　　　〈高知県〉

 確認

→ **3**(1)
比例の式の求め方
求める式を $y=ax$ とおき, 1 組の x, y の値を代入して, a の値を求める。
→ **3**(2)
反比例の式の求め方
求める式を $y=\dfrac{a}{x}$ とおき, 1 組の x, y の値を代入して, a の値を求める。

4 次の問いに答えなさい。

(1) 右の図に, 座標が次のような点をかき入れなさい。
　　A(3, -2)　　B(-2, 4)　　C(-4, -4)

(2) (1)の点 A と x 軸, y 軸, 原点について対称な点の座標を, それぞれ答えなさい。

(3) (1)の 3 点 A, B, C を頂点とする三角形 ABC の面積を求めなさい。

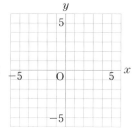

 確認

→ **4**(2)
対称な点の座標
点 A(a, b)と,
x 軸について対称な点の座標は, (a, $-b$)
y 軸について対称な点の座標は, ($-a$, b)
原点について対称な点の座標は, ($-a$, $-b$)

5 次の比例のグラフ，反比例の
グラフをかきなさい。

(1) $y=5x$

(2) $y=-\dfrac{3}{4}x$

(3) $y=\dfrac{12}{x}$

(4) $y=-\dfrac{20}{x}$

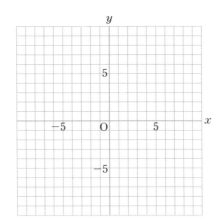

よく出る 6 右の図の(1)は比例のグラフ，(2)は反比例の
グラフです。それぞれについて，y を x の
式で表しなさい。

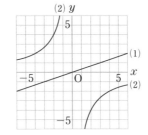

7 次の問いに答えなさい。

(1) 同じねじがたくさんあります。これら全部の重さをはかったら 2.1kg
でした。また，このうちの 15 個の重さをはかったら 70g でした。ね
じは全部で何個ありますか。

(2) 12 人ですると 9 時間かかる仕事があります。この仕事を 6 時間でや
り終えるには，1 時間あたり何人ですればよいですか。

8 右の図のように，点 A(2, 3)を通る反比例
のグラフがあり，このグラフ上に x 座標
が -4 となる点 B をとります。点 B の y
座標を求めなさい。
〈宮城県〉

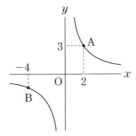

9 右の図のように，反比例 $y=\dfrac{9}{x}$ のグラフ上
に点 A をとり，点 A と原点について対称
な点 B をとります。点 A から x 軸に垂直
にひいた直線と点 B から y 軸に垂直にひ
いた直線との交点を C とするとき，三角
形 ABC の面積は常に一定の値 18 になり
ます。このことを説明しなさい。

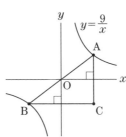

ヒント

➡ 7 (1)
比例の利用
ねじ x 個の重さを yg と
すると，y は x に比例す
ると考えられるから，
$y=ax$ とおける。

➡ 7 (2)
反比例の利用
12 人ですると 9 時間か
かる仕事を，x 人すると
y 時間かかると考え
ると，
$x\times y=12\times 9$ が成り立つ。

ヒント

➡ 9
三角形 ABC の面積
点 A の x 座標を t とおく
と，A$\left(t,\ \dfrac{9}{t}\right)$ と表せる。
BC＝(点 C の x 座標)
　　－(点 B の x 座標)
AC＝(点 A の y 座標)
　　－(点 C の y 座標)
より，BC，AC の長さを
t を使って表す。

STEP03 実戦問題 → 解答は別冊048ページ

入試レベルの問題で力をつけよう。

1 次の問いに答えなさい。

(1) 右の表で，y が x に比例するとき，□にあてはまる数を求めなさい。
〈青森県〉

x	□	-3	0
y	5	2	0

(2) 右の表は，y が x に反比例する関係を表したものです。このとき，表の□にあてはまる数を求めなさい。〈福島県〉

x	$\cdots$	0	2	4	6	$\cdots$
y	$\cdots$	$\times$	24	12	□	$\cdots$

2 次の問いに答えなさい。

(1) y は x に比例し，$x=8$ のとき $y=-4$ です。また，x の変域が $-4 \leqq x \leqq 6$ のとき，y の変域は $a \leqq y \leqq b$ です。このとき，a，b の値を求めなさい。

(2) 関数 $y=\dfrac{a}{x}$ で，x の変域が $-8 \leqq x \leqq -4$ であるとき，y の変域は $b \leqq y \leqq -3$ です。a，b の値を求めなさい。
〈桐朋高(東京)〉

3 3点 A$(-1, 1)$，B$(2, 2)$，C$(3, -1)$ を頂点とする △ABC の面積を求めなさい。
〈中央大杉並高(東京)〉

4 分速80mで歩き続けると1時間40分かかる道のりがあります。この道のりを時速 $x$km で進み続けるときにかかる時間を y 時間とします。このとき，x と y の関係を表すグラフをかきなさい。〈静岡県〉

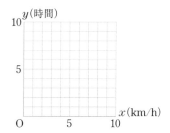

5 次の問いに答えなさい。

(1) y が $x-1$ に比例し，$x=3$ のとき $y=12$ です。$x=-4$ のとき，y の値を求めなさい。

(2) y が x に反比例し，$x=2$ のとき $y=3$ です。また，z は y に比例し，$y=2$ のとき $z=8$ です。$x=-3$ のとき，z の値を求めなさい。

(3) x と y は $x:y=2:3$ を満たしています。また，z は y に反比例し，$y=6$ のとき $z=-3$ です。$x=-8$ のとき，z の値を求めなさい。

6 プールに空の状態から水を入れます。水面の高さは，水を入れ始めてからの時間に比例し，入れ始めてからの時間が4時間30分のときの水面の高さは60cmです。入れ始めてからの時間が6時間のときの水面の高さを求めなさい。求める過程も書きなさい。 〈秋田県〉

7 毎分30Lずつ水を吸い上げるポンプで，2時間かけて池の水をすべて抜きました。その後，毎分xLずつ水を入れるとy時間後に池の水はもとの量の半分になりました。さらにそこから，1分間に入れる水の量を3倍にして池の水をもとの量にもどしました。次の問いに答えなさい。 〈専修大附高（東京）〉

(1) yをxの式で表しなさい。

(2) $x=10$のとき，池に水を入れ始めてからもとの量にもどすまで，全部で何時間かかったか求めなさい。

8 右の図のように，関数$y=\dfrac{a}{x}\cdots$①のグラフ上に2点A，Bがあり，関数①のグラフと関数$y=2x\cdots$②のグラフが，点Aで交わっています。点Aのx座標が3，点Bの座標が$(-9, p)$のとき，次の問いに答えなさい。 〈三重県〉

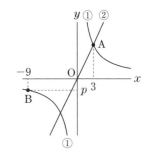

よく出る
(1) a，pの値を求めなさい。

(2) 関数①について，xの変域が$1 \leqq x \leqq 5$のときのyの変域を求めなさい。

思考力
9 右の図のように，2つの双曲線$y=\dfrac{8}{x}(x>0)$，$y=-\dfrac{4}{x}(x<0)$があります。x軸上の$x>0$の部分に点Aをとり，点Aとy軸について対称な点をBとします。点A，Bからそれぞれx軸に垂直な直線をひき，双曲線$y=\dfrac{8}{x}$，$y=-\dfrac{4}{x}$との交点をP，Qとするとき，四角形QBAPの面積は常に一定の値12になります。このことを説明しなさい。

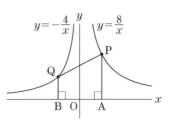

新傾向
10 右の図のように，双曲線$y=\dfrac{12}{x}(x>0)$上に6点A，B，C，D，E，Fがあります。この6点は，x座標，y座標がともに整数の点です。また，ℓは原点と点Bを通る比例のグラフ，mは原点と点Dを通る比例のグラフです。次の問いに答えなさい。

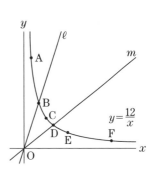

(1) ℓ，mのグラフを表す式を求めなさい。

(2) 3点O，C，Fを結んでできる三角形COFの面積を求めなさい。

(3) 座標平面上で，x座標，y座標がともに整数であるような点を格子点といいます。2つの直線ℓ，mと双曲線に囲まれた図形の中に格子点は何個あるか求めなさい。ただし，直線，双曲線上の点も含めるものとします。

1 次関数

➡ 解答は別冊050ページ

STEP01 要点まとめ

00 にあてはまる数や式，グラフをかいて，この章の内容を確認しよう。

最重要ポイント

1 次関数の式 ‥‥‥‥‥‥‥‥‥‥ $y=ax+b$（a，b は定数，$a\neq0$）

変化の割合 ‥‥‥‥‥‥‥‥‥‥ （変化の割合）$=\dfrac{（y \text{ の増加量}）}{（x \text{ の増加量}）}=a$

1 次関数 $y=ax+b$ のグラフ‥‥‥ 傾きが a，切片が b の直線。

2 元 1 次方程式のグラフ ‥‥‥‥‥ 2 元 1 次方程式 $ax+by=c$ のグラフは直線。

1 1 次関数

1 1 次関数 $y=3x-4$ について，x の値が 2 から 6 まで増加するときの変化の割合を求めなさい。

▶▶▶ x の増加量，y の増加量をそれぞれ求め，$\dfrac{（y \text{ の増加量}）}{（x \text{ の増加量}）}$ を計算する。

x の増加量は，$6-2=$ 01

y の増加量は，$3\times6-4-(3\times2-4)=$ 02

よって，変化の割合は，$\dfrac{\text{03}}{\text{04}}=$ 05

> **POINT** **1 次関数の変化の割合**
>
> 1 次関数 $y=ax+b$ の変化の割合は一定で，x の係数 a に等しい。

2 1 次関数のグラフ

2 1 次関数 $y=2x+3$ のグラフをかきなさい。

▶▶▶ 傾きは x の増加量が 1 のときの y の増加量。

切片は 3 だから，点(06 ， 07)を通る。←切片はグラフと y 軸との交点の y 座標。

傾きは 2 だから，点(0, 3)から右へ 1，上へ 2

進んだところにある点(08 ， 09)を通る。

この 2 点を通る直線をかく。

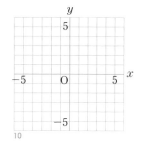

3 1次関数の式の求め方

3 $x=2$ のとき $y=3$, $x=7$ のとき $y=-2$ である1次関数の式を求めなさい。

▶▶▶ y が x の1次関数であるとき，$y=ax+b$ とおける。

$x=2$ のとき $y=3$ だから，

$\underset{11}{\quad}=\underset{12}{\quad}a+b$ ……①

> **POINT** ▶ **1次関数の式の求め方**
>
> $y=ax+b$ に2組の x, y の値を代入して，a, b についての連立方程式をつくる。

$x=7$ のとき $y=-2$ だから，

$\underset{13}{\quad}=\underset{14}{\quad}a+b$ ……②

①，②を連立方程式として解くと，$a=\underset{15}{\quad}$，$b=\underset{16}{\quad}$　　←②－①より，b を消去する。

よって，$y=\underset{17}{\quad}$

4 2元1次方程式のグラフ

4 2元1次方程式 $x+2y-6=0$ のグラフをかきなさい。

▶▶▶ $y=mx+n$ の形に変形して，傾きと切片を利用する。

$x+2y-6=0$ を y について解くと，

$y=\underset{18}{\quad}$　　●⋯⋯ ⓘ**注意**
移項すると符号が変わる。

グラフは傾きが $\underset{19}{\quad}$，切片が$\underset{20}{\quad}$　　の直線になる。

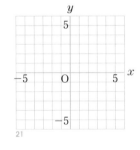

5 1次関数の利用

5 右の図のような $\angle C=90°$ の直角三角形 ABC で，点 P は B を出発して，三角形の辺上を C を通って A まで動きます。点 P が B から $x$cm 動いたときの △ABP の面積を $y$cm^2 とするとき，x と y の関係を表すグラフをかきなさい。

▶▶▶ 点 P が辺 BC 上にあるとき，辺 AC 上にあるときの2つの場合に分けて考える。

●辺 BC 上にあるとき，

x の変域は，$0 \leqq x \leqq \underset{22}{\quad}$　　←点 P が 4cm 動いたとき C に重なる。
↑ x のとりうる値の範囲

$y=\dfrac{1}{2}\times\underset{23}{\quad}\times 3=\underset{24}{\quad}$　　←△ABP $=\dfrac{1}{2}\times$ BP×AC

●辺 AC 上にあるとき，

x の変域は，$\underset{25}{\quad}\leqq x \leqq \underset{26}{\quad}$　　←点 P が 7cm 動いたとき A に重なる。

$y=\dfrac{1}{2}\times(\underset{27}{\quad})\times 4=\underset{28}{\quad}$　　←△ABP $=\dfrac{1}{2}\times$ AP×BC
↑ AP＝BC＋CA－x

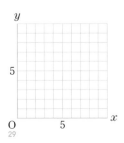

学習内容が身についたか,問題を解いてチェックしよう。

1 関数 $y=4x+5$ について述べた文として正しいものを,次の**ア～エ**の中からすべて選び,記号を書きなさい。 〈岐阜県〉

ア グラフは点 $(4, 5)$ を通る。

イ グラフは右上がりの直線である。

ウ x の値が -2 から 1 まで増加するときの y の増加量は 4 である。

エ グラフは,$y=4x$ のグラフを,y 軸の正の向きに 5 だけ平行移動させたものである。

確認

→ 1 ウ

y の増加量

$$（変化の割合）=\frac{（y\ の増加量）}{（x\ の増加量）}$$

だから,

$$（y\ の増加量）$$
$$=（変化の割合）$$
$$\times（x\ の増加量）$$
$$=4\times\{1-(-2)\}$$
$$=12$$

より,正しくない。

2 次の1次関数のグラフをかきなさい。

(1) $y=-\dfrac{3}{2}x+4$

(2) $y=\dfrac{2}{3}x-\dfrac{4}{3}$

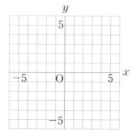

確認

→ 2 (2)

切片が分数の1次関数のグラフのかき方

x 座標,y 座標がともに整数である点を2つ見つけ,その2点を通る直線をかく。

3 次の問いに答えなさい。

(1) 1次関数 $y=ax-5$ で,x の値が 2 から 8 まで増加するときの y の増加量は 3 である。a の値を求めなさい。

(2) 関数 $y=2x+1$ について,x の変域が $1\leqq x\leqq 4$ のとき,y の変域を求めなさい。 〈北海道〉

よく出る (3) 直線 $y=-\dfrac{2}{3}x+5$ に平行で,点 $(-6, 2)$ を通る直線の式を求めなさい。 〈京都府〉

よく出る (4) 2点 $(1, 1)$,$(3, -3)$ を通る直線の式を求めなさい。 〈岡山県〉

ヒント

→ 3 (3)

平行な直線の式

平行な直線は傾きが等しいから,求める直線の式は,$y=-\dfrac{2}{3}x+b$ とおける。

4 次の連立方程式を,グラフを利用して解きなさい。

$$\begin{cases} 2x+y=5 & \cdots\cdots① \\ x-3y=6 & \cdots\cdots② \end{cases}$$

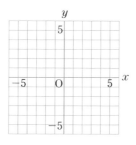

5 太郎さんは，自宅から3000m離れた図書館へ行くとき，その途中にある花子さんの家まで自転車で行き，そこから図書館まで花子さんと2人で歩いて行きました。花子さんの家は，太郎さんの家から2000mのところにあり，太郎さんは自宅を出発してから10分後に花子さんの家に

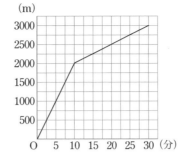

着きました。また，2人が図書館に着いたのは，太郎さんが自宅を出発してから30分後でした。上の図は，太郎さんが自宅を出発してからの時間と，自宅からの道のりの関係を表したグラフです。次の問いに答えなさい。ただし，自転車が移動する速さ，歩く速さはそれぞれ一定とします。

〈奈良県〉

(1) 次の　　内は，上のグラフからわかることを表したものです。　①　，　②　にあてはまる数を書きなさい。

- 太郎さんと花子さんの2人は，花子さんの家を出発してから　①　分後に図書館に着いた。
- 太郎さんが自宅を出発してから15分後，太郎さんは図書館まで残り　②　mのところにいた。

(2) 太郎さんが自宅を出発した10分後，太郎さんの弟が自宅を出発し，同じ道を通って自転車で太郎さんを追いかけたところ，弟は自宅を出発してから10分後に太郎さんに追いつきました。弟が自転車で移動する速さは，分速何mですか。

6 右の図で，直線 ℓ は $y=2x+4$，直線 m は $y=-2x+16$ のグラフです。ℓ と y 軸との交点を A，m と x 軸との交点を B，ℓ と m との交点を C とし，点 A と点 B を結びます。次の問いに答えなさい。

(1) 点 C の座標を求めなさい。
(2) 点 A から x 軸に平行な直線をひき，線分BC との交点を D とするとき，点 D の座標を求めなさい。
(3) △ABC の面積を求めなさい。
(4) 点 C を通り，△ABC の面積を2等分する直線の式を求めなさい。
(5) x 軸上に，△ABC＝△ABE となるような点 E をとります。点 E の x 座標を求めなさい。ただし，点 E の x 座標は点 B の x 座標よりも大きいものとします。

ヒント
→ 5(2)
2人が進んだ道のり
弟が太郎さんに追いつくということは，太郎さんが進んだ道のりと弟が進んだ道のりが等しくなるということである。

確認
→ 6(1)
2直線の交点の座標
2直線
$y=ax+b$，$y=cx+d$
の交点の座標は，それらの直線の式を組とする連立方程式
$\begin{cases} y=ax+b \\ y=cx+d \end{cases}$ の解である。
解の x の値が x 座標，y の値が y 座標である。

→ 6(4)
中点の座標
2点 (x_1, y_1)，(x_2, y_2) の中点の座標は，
$\left(\dfrac{x_1+x_2}{2}, \dfrac{y_1+y_2}{2} \right)$

ヒント
→ 6(5)
面積が等しい三角形
点 C を通り AB に平行な直線と x 軸との交点を E とすると，△ABC と △ABE は，底辺 AB が共通で，AB∥CE から高さも等しいので，
△ABC＝△ABE

1 次の問いに答えなさい。

(1) 右の表は、関数 $y=ax+3$ について、x と y の対応を表したものです。このとき、a、b の値を求めなさい。

〈福井県〉

x	…	-2	-1	0	1	2	…
y	…	11	7	$\boxed{b}$	-1	-5	…

(2) 2直線 $y=-x+2$、$y=2x-7$ の交点の座標を求めなさい。 〈愛知県〉

(3) 直線 $6x-y=10$ と x 軸との交点を P とします。直線 $ax-2y=15$ が点 P を通るとき、a の値を求めなさい。 〈徳島県〉

(4) 3点 A$(1,\ 1)$、B$(-4,\ 11)$、C$(5,\ a)$ が一直線上にあるとき、定数 a の値を求めなさい。

〈法政大第二高(神奈川)〉

(5) $a<0$ のとき、1次関数 $y=ax+b$ において、x の変域が $1\leqq x\leqq3$、y の変域が $0\leqq y\leqq1$ となるような定数 a、b の値を求めなさい。 〈中央大附高(東京)〉

2 次の1次関数のグラフをかきなさい。ただし、x の変域は( )内とします。

(1) $y=\dfrac{1}{2}x-3$ $(-4\leqq x\leqq4)$

(2) $y=-\dfrac{4}{3}x+\dfrac{5}{3}$ $(-1<x<5)$

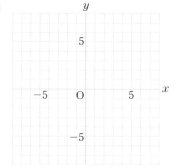

3 右の図のように、2点 A$(-1,\ 2)$、B$(2,\ 8)$ があります。2点 A、B を通る直線と y 軸との交点を C とし、x 軸を対称の軸として、点 C を対称移動した点を D とします。次の問いに答えなさい。 〈佐賀県〉

(1) 2点 A、B を通る直線の式を求めなさい。

(2) 点 D の座標を求めなさい。

(3) △ABD の面積を求めなさい。

(4) x 軸上に点 P があります。△ABP の面積が △ABD の面積と等しくなるような点 P の x 座標をすべて求めなさい。

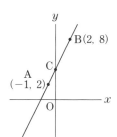

4 右の図において，点 A，B，C の座標はそれぞれ A(2, 1)，B(−4, −2)，C(4, −6)です。このとき，原点 O を通り，△ABC の面積を 2 等分する直線の式を求めなさい。　〈山梨県〉

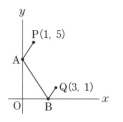

思考力 **5** 右の図のように，2 点 P(1, 5)，Q(3, 1)があります。y 軸上に点 A，x 軸上に点 B をとり，PA＋AB＋BQ の長さが最短になるようにしたときの直線 AB の式を求めなさい。　〈明治大付明治高（東京）〉

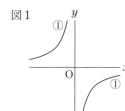

6 図1において，双曲線①は関数 $y=-\dfrac{12}{x}$ のグラフです。次の問いに答えなさい。　〈山口県〉

(1) 関数 $y=-\dfrac{12}{x}$ について，x の値を 4 倍すると，y の値は何倍になりますか。答えなさい。

(2) 図2のように，双曲線①上の点 A と y 軸上の点 B を通る直線②があり，2 点 A，B の y 座標はそれぞれ 2，−3 です。直線②の式を求めなさい。

難問 (3) 図3のように，2 点 C，E は双曲線①上にあり，点 C の座標は(−4, 3)です。点 F の座標は(2, 3)で，四角形 CDEF が，長方形となるように点 D をとります。また，直線③は関数 $y=\dfrac{1}{2}x-2$ のグラフであり，直線③と，2 つの線分 CD，EF の交点を P，Q とします。四角形 CPQF の面積は，四角形 EQPD の面積の何倍ですか。求めなさい。

図1
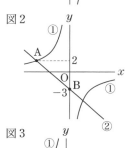

図2

図3
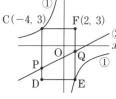

難問 **7** 右の図で，O は原点，A，B はそれぞれ 1 次関数 $y=-\dfrac{1}{3}x+b$(b は定数)のグラフと x 軸，y 軸との交点です。△BOA の内部で，x 座標，y 座標がともに自然数となる点が 2 個であるとき，b がとることのできる値の範囲を，不等号を使って表しなさい。ただし，三角形の周上の点は内部に含まないものとします。　〈愛知県〉

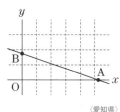

難問 **8** 直線 $\ell：y=ax+b$ があります。ℓ と直線 $y=1$ に関して対称である直線を m とし，m と直線 $x=1$ に関して対称である直線を n とします。m が点(−1, 4)を通り，n が点(5, −2)を通るとき，a，b の値を求めなさい。　〈筑波大附高（東京）〉

9 右の図のような長方形 ABCD があり，点 M は辺 AD の中点です。点 P は A を出発して，辺上を B，C を通って D まで秒速 1cm で動きます。点 P が動き始めてから x 秒後における線分 PM と長方形 ABCD の辺で囲まれた図形のうち，点 A を含む部分の面積を $y\text{cm}^2$ とします。ただし，点 P が A にあるときは $y=0$，点 P が D と重なるときは $y=40$ とします。次の問いに答えなさい。

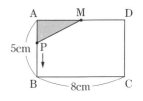

〈沖縄県〉

(1) 3 秒後の y の値を求めなさい。

(2) 点 P が辺 BC 上を動くとき，y を x の式で表しなさい。

(3) x と y の関係を表すグラフとして最も適するものを，右の**ア**〜**エ**の中から 1 つ選び，記号で答えなさい。

ア 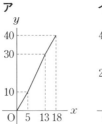 **イ** 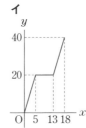 **ウ** 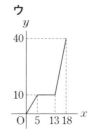 **エ**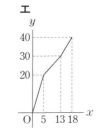

10 兄と弟は，P 地点と Q 地点の間でトレーニングをしています。P 地点と Q 地点は 2400m 離れており，P 地点と Q 地点の途中にある R 地点は，P 地点から 1600m 離れています。兄は，午前 9 時に P 地点を出発し，自転車を使って毎分 400m の速さで，休憩することなく 3 往復しました。また，弟は兄と同時に P 地点を出発し，毎分 200m の速さで走り，R 地点へ向かいました。弟が R 地点に到着すると同時に，P 地点に向かう兄が R 地点を通過しました。その後，弟は休憩し，兄が再び R 地点を通過すると同時に，P 地点に向かって歩いてもどったところ，3 往復を終える兄と同時に P 地点に着きました。上のグラフは，兄と弟が P 地点を出発してから x 分後に P 地点から ym 離れているとして，x と y の関係を表したものです。兄と弟は，各区間を一定の速さで進むものとし，次の問いに答えなさい。

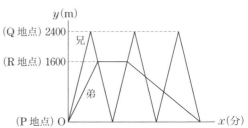

〈富山県〉

(1) 弟は R 地点で何分間休憩したか求めなさい。

(2) 弟は休憩した後，毎分何 m の速さで P 地点へ向かって歩いたか求めなさい。

(3) 弟が R 地点から P 地点へ歩いているとき，Q 地点に向かう兄とすれ違う時刻を求めなさい。

11 図 1 のように，AB＝12cm，AD＝10cm，BC＝20cm の直方体があります。図 2 のように，1 辺の長さが 20cm の立方体の形をした容器の中に，直方体の辺 BC と立方体の辺 PQ が重なるように固定し，容器に水が入っていない状態から，給水管を開き，容器が満水になるまで水を入れていきます。給水を始めてから x 秒後の，容器の底面から水面までの高さを $y\text{cm}$ とするとき，次の問いに答えなさい。ただし，容器は水平に固定されており，容器の厚さは考えないものとします。

〈山形県〉

図 1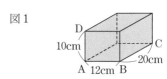

図 2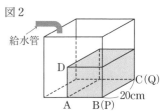

(1) 毎秒 200cm³ の割合で給水を始め，水面までの高さが 14cm にな
ると同時に，毎秒 400cm³ の割合にして給水を続けました。給水
を始めてから容器が満水になるまでの x と y の関係を表に書き
出したところ，表1のようになりました。次の問いに答えなさい。

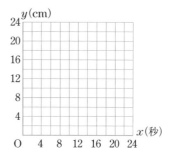

表1

x	0	…	8	…	22
y	0	…	10	…	20

① $x=4$ のときの y の値を求めなさい。

② 表2は，給水を始めてから容器が満水になるまでの x と y の関係を式に表したものです。
　ア ～ ウ にあてはまる数または式を，それぞれ書きなさい。
　また，このときの x と y の関係を表すグラフを図3にかきなさい。

表2

x の変域	式
$0 \leqq x \leqq 8$	$y=$ イ
$8 \leqq x \leqq$ ア	$y=\dfrac{1}{2}x+6$
ア $\leqq x \leqq 22$	$y=$ ウ

図3
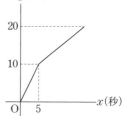

 (2) 容器に水が入っていない状態から，給水管を開き，ある一定の
割合で給水したときの，給水を始めてから容器が満水になるま
での x と y の関係をグラフに表したところ，図4のようにな
りました。容器が満水になるのは給水を始めてから何秒後か，
求めなさい。

図4

 12 アメリカ合衆国のある都市に旅行に行った H さんは，最高気温が 86 度の予報になっていて，
とても驚きました。調べてみると，気温を表す単位として，日本ではおもに摂氏（℃），アメリ
カ合衆国ではおもに華氏（°F）を使っており，

Ⓐ　華氏 x°F と摂氏 y℃の関係は，$y=\dfrac{5}{9}(x-32)$ と表される

ことがわかりました。例えば，Ⓐの関係を使って華氏 86°F を摂氏で表すと 30℃です。
Ⓐの関係を使って華氏で表した気温から摂氏で表した気温を計算するのは少し複雑であるため，
H さんはアメリカ合衆国に住む友人 S さんに相談したところ，

Ⓑ　華氏 x°F から 30 をひいた値を 2 でわると，摂氏のおおよその値 y℃が求められる

ことを教えてもらいました。次の問いに答えなさい。　　　　　　　　　　〈東京工業大附科学技術高（東京）〉

(1) Ⓑの関係を使ったとき，y を x の式で表しなさい。

(2) 華氏 a°F のとき，ⒶとⒷのどちらの関係を使っても，摂氏で表した気温が同じ値 b℃になりま
した。このとき，a と b の値を求めなさい。

 (3) 華氏が 0°F 以上，100°F 以下の範囲で，Ⓐの関係とⒷの関係を使って表した摂氏 y℃の値の差
の絶対値は，最大で何℃になるかを求めなさい。ただし，答えは小数で表し，必要である場合
は小数第 2 位を四捨五入して小数第 1 位までの値で答えなさい。

関数 $y=ax^2$

➡ 解答は別冊056ページ

STEP01 要点まとめ

00 ▢ にあてはまる数や式，グラフをかいて，この章の内容を確認しよう。

最重要ポイント

y が x の 2 乗に比例する関数の式………$y=ax^2$（a は定数，$a \neq 0$）

関数 $y=ax^2$ のグラフ………………………原点を通り，y 軸について対称な放物線。

変化の割合………………………………（変化の割合）$=\dfrac{（y \text{ の増加量}）}{（x \text{ の増加量}）}$

1 関数 $y=ax^2$

1 y は x の 2 乗に比例し，$x=3$ のとき $y=36$ です。$x=-2$ のときの y の値を求めなさい。

▸▸▸y が x の 2 乗に比例するとき，比例定数を a とすると，$y=ax^2$ とおける。

$x=3$ のとき $y=36$ だから，$\boxed{01} = a \times \boxed{02}^{\,2}$，$a = \boxed{03}$

よって，式は，$y = \boxed{04}$

この式に $x=-2$ を代入して，$y = \boxed{05} \times (\boxed{06})^2 = \boxed{07}$

① 注意
負の数はかっこをつけて代入する。

2 関数 $y=ax^2$ のグラフ

2 関数 $y=2x^2$ のグラフをかきなさい。

▸▸▸関数 $y=ax^2$ のグラフは，
$\begin{cases} a>0 \text{ のとき，上に開いた形。} \\ a<0 \text{ のとき，下に開いた形。} \end{cases}$

対応する x，y の値を求めると，下の表のようになる。

x	-3	-2	-1	0	1	2	3
y	08	09	10	0	11	12	13

上の表の x，y の値の組を座標とする点をとり，それらの点を通るなめらかな曲線をかく。

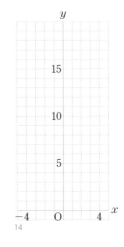

3 関数 $y=ax^2$ の変化の割合

3 関数 $y=3x^2$ で，x の値が 1 から 4 まで増加するときの変化の割合を求めなさい。

▶▶▶ （変化の割合）$=\dfrac{（y \text{ の増加量}）}{（x \text{ の増加量}）}$

x の増加量は，$4-1=$ [15]

y の増加量は，$3\times 4^2-3\times 1^2=$ [16]

よって，変化の割合は，$\dfrac{[17]}{[18]}=$ [19]

> **POINT** 　関数 $y=ax^2$ の変化の割合
>
> x の増加量が等しくても，増加する区間によって y の増加量は異なる。つまり，1次関数とは異なり，変化の割合は一定ではない。

4 関数 $y=ax^2$ の利用

4 右の図のような長方形があります。点 P，Q は A を同時に出発して，点 P は毎秒 2cm の速さで辺 AB 上を B まで動き，点 Q は毎秒 3cm の速さで辺 AD 上を D まで動きます。点 P，Q が A を出発してから，x 秒後の △APQ の面積を $y\text{cm}^2$ とするとき，y を x の式で表しなさい。

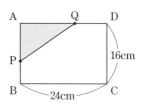

▶▶▶ AP，AQ をそれぞれ △APQ の底辺，高さと考える。

点 P，Q は A を出発して，[20] 　　秒後にそれぞれ B，D に到着する。
よって，x の変域は，$0 \leqq x \leqq$ [21]

　　　　　↑点 P，Q が A 上にある場合，すなわち，$x=0$ のとき $y=0$ とする。

AP $=$ [22] 　　cm，AQ $=$ [23] 　　cm だから，$y=\dfrac{1}{2}\times$ [24] 　　$\times$ [25] 　　$=$ [26]

5 放物線と平面図形

5 右の図のように，関数 $y=\dfrac{1}{4}x^2$ のグラフ上に 2 点 A，B があります。また，直線 AB と y 軸との交点を C とします。A，B の x 座標がそれぞれ 6，−4 のとき，△AOB の面積を求めなさい。

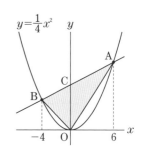

▶▶▶ △AOC で，OC を底辺とみると，高さは点 A の x 座標。

2 点 A，B は関数 $y=\dfrac{1}{4}x^2$ のグラフ上の点だから，

　A$(6,$ [27] 　　$)$，B$(-4,$ [28] 　　$)$

直線 AB の式は，$y=$ [29] 　$x+$ [30]

これより，点 C の座標は，$(0,$ [31] 　　$)$

> ←直線 AB の式を $y=ax+b$ とおくと，
> $9=6a+b$ ……①
> $4=-4a+b$ ……②
> ①，②を連立方程式として解く。

よって，△AOB $=$ △AOC $+$ △BOC $=\dfrac{1}{2}\times 6\times$ [32] 　　$+\dfrac{1}{2}\times 6\times$ [33] 　　$=$ [34]

学習内容が身についたか,問題を解いてチェックしよう。

1 次の問いに答えなさい。

(1) 関数 $y=ax^2$ について,$x=3$ のとき $y=18$ です。このときの a の値（あたい）を求めなさい。
〈岡山県〉

(2) 関数 $y=-\dfrac{2}{3}x^2$ について,x の変域（へんいき）が $-3 \leqq x \leqq 2$ のとき,y の変域は $a \leqq y \leqq b$ です。このとき,a,b の値を求めなさい。
〈神奈川県〉

(3) 関数 $y=ax^2$ について,x の値が 1 から 5 まで増加するときの変化の割合が -12 です。このとき,a の値を求めなさい。
〈新潟県〉

2 次の関数のグラフをかきなさい。

(1) $y=\dfrac{1}{4}x^2$

(2) $y=-\dfrac{2}{9}x^2$

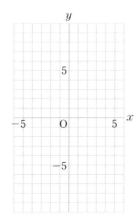

3 右の図の(1), (2)は,y が x の 2 乗に比例（じょう・ひれい）する関数のグラフです。それぞれについて,y を x の式で表しなさい。

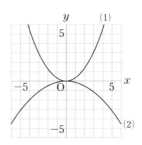

4 関数 $y=x^2$ について述べた次の**ア〜オ**の中から,正しいものを 2 つ選び,その記号を書きなさい。
〈19 埼玉県〉

ア この関数のグラフは,点 $(3,\ 6)$ を通る。

イ この関数のグラフは放物線（ほうぶつせん）で,y 軸について対称（たいしょう）である。

ウ x の変域が $-1 \leqq x \leqq 2$ のときの y の変域は $1 \leqq y \leqq 4$ である。

エ x の値が 2 から 4 まで増加するときの変化の割合は 6 である。

オ $x<0$ の範囲（はんい）では,x の値が増加するとき,y の値は増加する。

確認

→ 1(1)
関数 $y=ax^2$ の式の求め方
求める式を $y=ax^2$ とおき,1 組の x,y の値を代入（だいにゅう）して,a の値を求める。

→ 1(2)
関数 $y=ax^2$ の y の変域
関数 $y=ax^2$ で,x の変域に 0 を含む場合,
$a>0$ ならば
y の最小値は 0,
$a<0$ ならば
y の最大値は 0

確認

→ 2
関数 $y=ax^2$ のグラフ
原点（げんてん）を通り,y 軸について対称（たいしょう）な曲線である。
この曲線を**放物線**という。
放物線とその対称の軸との交点を放物線の頂点（ちょうてん）という。

● $a>0$ のとき,グラフは x 軸の上側にあり,上に開いた形。
● $a<0$ のとき,グラフは x 軸の下側にあり,下に開いた形。

5　ある自動車が動き始めてから x 秒間に進んだ距離を y m とすると，$0 \leqq x \leqq 8$ の範囲では $y = \dfrac{3}{4}x^2$ の関係がありました。この自動車が動き始めて 1 秒後から 3 秒後までの平均の速さは毎秒何 m ですか，求めなさい。　〈山口県〉

確認

→ 5
平均の速さ

（平均の速さ）
$= \dfrac{（進んだ道のり）}{（かかった時間）}$
$= \dfrac{（y \text{の増加量}）}{（x \text{の増加量}）}$
$=$（変化の割合）

6　右の図の正方形 ABCD は，1 辺の長さが 6cm です。点 P，Q は，同時に点 A を出発し，点 P は正方形の辺上を点 B，C の順に通って点 D まで毎秒 1cm の速さで進んで止まります。点 Q は正方形の辺上を点 D まで毎秒 1cm の速さで進んで止まります。点 P，Q が出発してから，x 秒後の △APQ の面積を y cm² とします。点 P が AB 上にあるとき，x と y の関係は，$y = \dfrac{1}{2}x^2$ という式で表されます。次の問いに答えなさい。　〈青森県〉

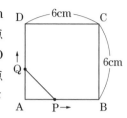

ヒント

→ 6
動点に関する問題
点 P が，
辺 AB 上にある場合，
辺 BC 上にある場合，
辺 CD 上にある場合
の 3 つに分けて，それぞれの場合について，x と y の関係を考える。

(1)　関数 $y = \dfrac{1}{2}x^2$ について，x の値が 2 から 6 まで増加するときの変化の割合を求めなさい。

(2)　$x = 14$ のときの y の値を求めなさい。

(3)　△APQ の面積が 16 になるときの x の値をすべて求めなさい。

7　右の図のように，関数 $y = ax^2$ のグラフ上に 2 点 A，B があり，関数 $y = -ax^2$ のグラフ上に点 C があります。線分 AB は x 軸に平行，線分 BC は y 軸に平行です。点 B の x 座標が 1，$AB + BC = \dfrac{16}{3}$ のとき，a の値を求めなさい。ただし，$a > 0$ とします。　〈広島県〉

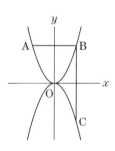

確認

→ 6(3)
平方根の考え方を使った解き方
$x^2 = \blacksquare$ の形に変形して，2 乗すると $\blacksquare$ になる数を求める。
$ax^2 = b$
　$x^2 = \blacksquare$
　$x = \pm\sqrt{\blacksquare}$

8　右の図のように，関数 $y = ax^2$ のグラフと直線 ℓ が，2 点 A，B で交わっています。A の座標は $(-1,\ 2)$ で，B の x 座標は 2 です。次の問いに答えなさい。　〈岐阜県〉

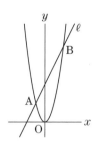

(1)　a の値を求めなさい。

(2)　直線 ℓ の式を求めなさい。

(3)　△AOB の面積を求めなさい。

9　右の図のように，関数 $y = -\dfrac{1}{2}x^2$ のグラフ上に 2 点 A，B があり，A，B の x 座標はそれぞれ -2，4 です。直線 AB 上に点 P があり，直線 OP が △OAB の面積を 2 等分しているとき，点 P の座標を求めなさい。　〈鹿児島県〉

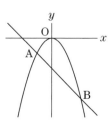

確認

→ 9
三角形の面積を 2 等分する直線
三角形の頂点を通り，その三角形の面積を 2 等分する直線は，頂点の対辺の中点を通る。

入試レベルの問題で力をつけよう。

1 次の問いに答えなさい。

(1) 右の表は，y が x の2乗に比例する関係を表したものです。**ア～ウ**にあてはまる数を求めなさい。

x	-6	-2	0	4	8
y	ア	-1	0	イ	ウ

(2) $-3 \leq x \leq -1$ の範囲で，x の値が増加すると y の値も増加する関数を，下の①～④の中からすべて選び，その番号を書きなさい。　〈広島県〉

① $y = 4x$　　② $y = \dfrac{6}{x}$　　③ $y = -2x + 3$　　④ $y = -x^2$

(3) 関数 $y = ax^2$ について，x の変域が $-1 \leq x \leq 2$ のとき，y の変域が $-12 \leq y \leq 0$ です。このとき，a の値を求めなさい。　〈石川県〉

(4) 関数 $y = -x^2$ について，x の値が a から $a+1$ まで増加するときの変化の割合は5です。このとき，a の値を求めなさい。　〈秋田県〉

(5) 右の図のように，関数 $y = ax^2\,(a>0)$ のグラフ上に2点 A，B があり，x 座標はそれぞれ -6，4 です。直線 AB の傾きが $-\dfrac{1}{2}$ であるとき，a の値を求めなさい。　〈栃木県〉

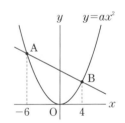

2 自転車に乗っている人がブレーキをかけるとき，ブレーキがきき始めてから自転車が止まるまでに走った距離を制動距離といい，この制動距離は速さの2乗に比例することが知られています。太郎さんの乗った自転車が秒速2mで走るときの制動距離は0.5mでした。次の問いに答えなさい。　〈京都府〉

(1) 太郎さんの乗った自転車が秒速 x m で走るときの制動距離を y m とします。y を x の式で表しなさい。また，x が5から7まで変化するとき，y の増加量は x の増加量の何倍か求めなさい。

(2) 右の図のように，太郎さんの乗った自転車が一定の速さで走っており，地点 A を超えてから1.5秒後にブレーキをかけると，自転車は地点 A から13.5mのところで停止しました。このとき，ブレーキをかける直

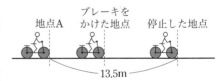

前の自転車の速さは秒速何 m か求めなさい。ただし，自転車の大きさについては考えないものとし，ブレーキはかけた直後からきき始めるものとします。

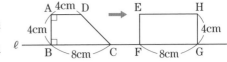

3 右の図のように，直線 ℓ 上に台形 ABCD と長方形 EFGH があります。長方形を固定したまま，台形を図の位置から ℓ にそって矢印の向きに毎秒1cm の速さで動かし，点 C と点 G が重なるのと同時に停止させるものとします。点 C と点 F が重なってから x 秒後の，2つの図形が重なる部分の面積を $y$cm² とします。次の問いに答えなさい。

(1) y を x の式で表しなさい。ただし，x の変域も書きなさい。

(2) x と y の関係を表すグラフをかきなさい。

(3) 2つの図形が重なる部分の面積が台形 ABCD の面積の半分になるのは，点 C と点 F が重なってから何秒後か，求めなさい。

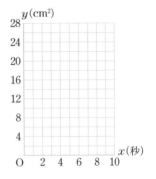

4 図1の長方形 ABCD において，AB=18cm，BC=8cm です。点 P は，A を出発し，毎秒2cm の速さで辺 AB 上を B まで動き，B で停止します。点 Q は，点 P と同時に D を出発し，毎秒2cm の速さで辺 DA 上を A まで動き，A で停止します。点 R は，最初 D の位置にあり，点 Q が A に到着すると同時に D を出発し，毎秒3cm の速さで辺 DC 上を C まで動き，C で停止します。次の問いに答えなさい。　　〈山形県〉

図1

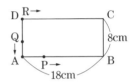

(1) 図2のように，3点 P，Q，R を結び，△PQR をつくります。点 P が A を出発してから x 秒後の △PQR の面積を $y$cm² として，点 P，Q，R がすべて停止するまでの x と y の関係を表に書き出したところ，表1のようになりました。次の問いに答えなさい。

図2

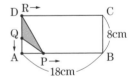

① 点 P が A を出発してから3秒後の △PQR の面積を求めなさい。

表1

x	0	…	4	…	10
y	0	…	32	…	72

② 表2は，点 P，Q，R がすべて停止するまでの x と y の関係を表したものです。 ア ～ ウ にあてはまる数または式を，それぞれ書きなさい。また，このときの x と y の関係を表すグラフを，図3にかきなさい。

表2

x の変域	式
$0 \leq x \leq 4$	$y=$ イ
$4 \leq x \leq$ ア	$y=$ ウ
ア $\leq x \leq 10$	$y=72$

図3

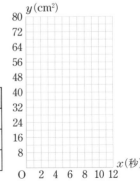

(2) 図4のように，長方形 ABCD の対角線 AC をひき，点 P と R を結びます。線分 PR が対角線 AC の中点を通るのは，点 P が A を出発してから何秒後か，求めなさい。

図4

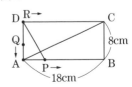

5 右の図のように，関数 $y=ax^2(a>0)$ のグラフ上に3点 A，B，C があ
り，点 A の x 座標は2，点 B の x 座標は3，点 C の x 座標は -1 で
す。また，点 P は y 軸上の点です。次の問いに答えなさい。〈徳島県〉

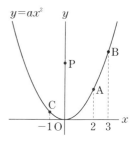

(1) $a=1$ のとき，点 A の座標を求めなさい。

(2) $a=1$，点 P の y 座標が6のとき，直線 BP の式を求めなさい。

(3) $a=2$ のとき，△ABC と △ABP の面積が等しくなる点 P の y 座標を
求めなさい。

思考力 (4) AP+BP の長さが最短になる点 P の y 座標が5です。このとき，a の値を求めなさい。

6 右の図において，放物線①は関数 $y=ax^2$ のグラフであり，放物線②
は関数 $y=x^2$ のグラフです。また，点 A は放物線①上の点であり，
点 A の座標は $(2，2)$ です。点 P は放物線①上の $x>0$ の範囲を動く
点です。点 P を通り x 軸に垂直な直線と放物線②との交点を Q，点
Q を通り x 軸に平行な直線と②との交点のうち，点 Q と異なる点を
R，点 R を通り x 軸に垂直な直線と放物線①との交点を S とし，四
角形 PQRS をつくります。また，点 P の x 座標を t とします。次の
問いに答えなさい。

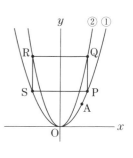

〈愛媛県・一部〉

よく出る (1) 四角形 PQRS の周の長さを t を使って表しなさい。

(2) 四角形 PQRS の周の長さが60であるとき，

ア t の値を求めなさい。

イ 点 A を通り，四角形 PQRS の面積を2等分する直線の傾きを求めなさい。

7 右の図のように，関数 $y=2x^2$ のグラフ上に，4点 A，B，C，D が
あり，点 A の x 座標は2，線分 BA と線分 CD は x 軸に平行です。
直線 CD と関数 $y=ax^2(0<a<2)$ のグラフの交点のうち x 座標が
正の点を E とすると，BA=CE，CD=DE です。直線 AE と x 軸
の交点を F とするとき，次の問いに答えなさい。〈東海高(愛知)〉

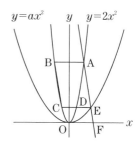

(1) a の値を求めなさい。

(2) △BCF の面積を求めなさい。

8 放物線 $y=ax^2(a>0)$ と直線 $y=x+6$ が2点 $A\left(-\dfrac{3}{2},\ b\right)$，B で交わって
います。次の問いに答えなさい。〈城北高(東京)・改〉

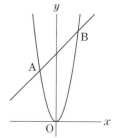

(1) 定数 a，b の値をそれぞれ求めなさい。

(2) 点 B の座標を求めなさい。

難問 (3) y 軸上に点 $C(0，3)$ をとり，また，線分 OB の中点 M をとります。さ
らに線分 AB 上に点 D をとったところ，四角形 BDCM の面積は
△OAB の半分となりました。点 D の座標を求めなさい。

図形編

平面図形

STEP01 要点まとめ

→ 解答は別冊061ページ

00 にあてはまる数や記号，語句，図をかいて，この章の内容を確認しよう。

最重要ポイント

> 垂直二等分線………線分の中点を通り，その線分と垂直に交わる直線。
>
> 角の二等分線………1つの角を2等分する半直線。
>
> 図形の移動…………基本となる移動は，平行移動，回転移動，対称移動。
>
> 円の接線……………直線 ℓ と円Oが円周上の1点Aだけを共有するとき，直線 ℓ を円Oの接線，点Aを接点という。
>
> おうぎ形……………円の弧の両端を通る2つの半径とその弧で囲まれた図形。

1 直線と角

1 右の図で，次の条件を満たす直線 ℓ，m を，それぞれ方眼を利用してかきなさい。

点Aを通り，$\ell /\!/ BC$ となる直線 ℓ

点Aを通り，$m \perp BC$ となる直線 m

▶▶▶記号 $/\!/$ は平行を表し，記号 $\perp$ は垂直を表す。

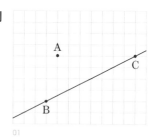

01

2 基本の作図

2 □ にあてはまるものを書き，下の図の線分 AB の中点 M を作図しなさい。

▶▶▶中点 M は，線分 AB と AB の垂直二等分線との交点。

〈作図の手順〉

❶ A，02□ を中心として，等しい 03□ の円をかく。

❷ 2つの 04□ の交点を D，E とし，直線 DE をひく。

❸ 直線 DE と線分 AB との 05□ を M とする。

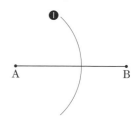

06

1 平面図形

2 空間図形

3 平行と合同

4 図形の性質

5 円

6 相似な図形

7 三平方の定理

3 ⬚ にあてはまるものを書き，下の図の ∠AOB の二等分線 OC を作図しなさい。

▶▶▶点 C は，2 つの半直線 OA，OB から等しい距離にある点。

〈作図の手順〉

❶ ⬚07 を中心として円をかき，OA，08 ⬚ との交点をそれ
ぞれ P，Q とする。

❷ P，09 ⬚ を中心として等しい半径の円をかき，その交点を
C とする。

❸ 半直線 10 ⬚ をひく。◀半直線なので，点 C で直線を止めず
そのまままっすぐ線をのばす。

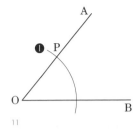

3 ◣ 図形の移動

4 右の図で，△ABC を直線 ℓ を対称の軸として対称移動した図
形をかきなさい。

▶▶▶対応する 2 点を結ぶ線分は，対称の軸によって垂直に 2 等分される。

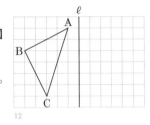

4 ◣ 円とおうぎ形

5 右の図で，3 点 A，B，C は円 O の周上の点で，
$\overset{\frown}{AB} : \overset{\frown}{BC} : \overset{\frown}{CA} = 2 : 3 : 4$ です。∠BOC の大きさを求めなさい。
また，おうぎ形 AOC の面積は，おうぎ形 AOB の面積の何倍ですか。

▶▶▶1 つの円で，おうぎ形の弧の長さと面積は，中心角の大きさに比例する。

$$\angle BOC = 360° \times \frac{13}{2+3+4} = {}_{14}\boxed{}°$$

おうぎ形 AOC の面積は，おうぎ形 AOB の面積の，$\dfrac{\overset{\downarrow \overset{\frown}{AC}\text{ の長さ}}{15}}{\underset{\uparrow \overset{\frown}{AB}\text{ の長さ}}{16}} = {}_{17}\boxed{}$（倍）

5 ◣ 図形の計量

6 右の図のおうぎ形の弧の長さ ℓ と面積 S を求めなさい。

▶▶▶$\ell = 2\pi r \times \dfrac{a}{360}$, $S = \pi r^2 \times \dfrac{a}{360}$（半径 r，中心角 $a°$）

$$\ell = 2\pi \times {}_{18}\boxed{} \times \frac{19}{360} = {}_{20}\boxed{} \quad \text{(cm)}$$

$$S = \pi \times {}_{21}\boxed{}{}^2 \times \frac{22}{360} = {}_{23}\boxed{} \quad \text{(cm}^2\text{)}$$

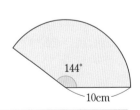

POINT ▶ 半径 r，弧の長さ ℓ の
おうぎ形の面積 S
$$S = \frac{1}{2}\ell r$$

STEP02 基本問題 → 解答は別冊061ページ

学習内容が身についたか，問題を解いてチェックしよう。

---

1 右の図のように，△ABC があり，点 D は辺 AB 上の点です。次の【条件】の①，②をともにみたす点Pを，定規とコンパスを使って作図しなさい。ただし，作図に使った線は残しておくこと。 〈山形県〉

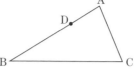

【条件】

> ① 線分 AP の長さは，線分 AD の長さと等しい。
> ② 点 P は，直線 AB と直線 BC から等しい距離にあり，△ABC の外部の点である。

→ **1**
①AP＝AD より，点 P は，点 A を中心とする半径 AD の円周上にある。
②点 P は，直線 AB と直線 BC から等しい距離にあるから，∠ABC の二等分線上にある。

---

2 右の図の △ABC を，頂点 A が辺 BC の中点の位置にくるように折ります。このときの折り目の線を，定規とコンパスを使って作図しなさい。ただし，作図に使った線は，消さずに残しておくこと。

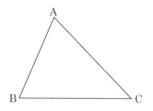

→ **2**
辺 BC の中点を M とすると，折り目の線は，線分 AM の垂直二等分線になる。

---

3 右の図のように，半直線 OX，OY と点 P があります。点 P を通る直線をひき，半直線 OX，OY との交点をそれぞれ A，B とします。このとき，OA＝OB となるように直線 AB を作図しなさい。また，2 点の位置を示す文字 A，B も書きなさい。ただし，三角定規の角を利用して直線をひくことはしないものとし，作図に用いた線は消さずに残しておくこと。 〈千葉県〉

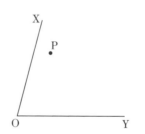

→ **3**
∠XOY の二等分線と線分 AB との交点を M とすると，△OAM と △OBM は合同で，OM⊥AB である。

---

4 右の図のように，直線 ℓ 上の点 A と，ℓ 上にない点 B があります。A で ℓ に接し，B を通る円の中心 P を，定規とコンパスを使って作図しなさい。なお，作図に用いた線は消さずに残しておくこと。 〈熊本県〉

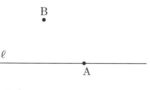

→ **4**
円の接線は接点を通る半径に垂直だから，円の中心 P は，A を通る直線 ℓ の垂線上にある。
また，この円は 2 点 A，B を通るから，円の中心 P は，弦 AB の垂直二等分線上にある。

1 平面図形

2 空間図形

3 平行と合同

4 図形の性質

5 円

6 相似な図形

7 三平方の定理

5 右の図のように，△ABC があります。このとき，△ABC を点 O を中心として点対称移動させた図形をかきなさい。

〈茨城県〉

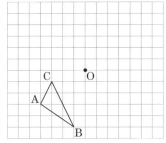

6 右の図の四角形 ABCD は正方形で，点 E，F，G，H は，それぞれ各辺の中点です。また，点 O は線分 EG と線分 FH の交点です。このとき，次の問いに答えなさい。

(1) △AEH を平行移動させて重ねることができる三角形はどれですか。

(2) △AEH を回転移動させて △OEF に重ねるには，どの点を回転の中心として，どの方向に何度回転させればよいですか。

(3) 対称移動と平行移動をこの順で1回ずつ使って，△AEH を △OFE に重ねる方法を説明しなさい。

確認 ⏻

→ 6
平行移動
図形を一定の方向に，一定の距離だけずらす移動。
回転移動
図形を，1つの点を中心として，一定の角度だけ回転させる移動。
対称移動
図形を，1つの直線を折り目として折り返す移動。

よく出る 7 **次の問いに答えなさい。ただし，円周率は π とします。**

(1) 半径 10cm，中心角 144° のおうぎ形の弧の長さと面積を求めなさい。

(2) 半径 6cm，弧の長さ 5πcm のおうぎ形の中心角を求めなさい。

確認 ⏻

→ 7
おうぎ形の弧の長さと面積
半径 r，中心角 $a°$ のおうぎ形の弧の長さを ℓ，面積を S とすると，
$$\ell = 2\pi r \times \frac{a}{360}$$
$$S = \pi r^2 \times \frac{a}{360}$$

8 右の図は，AC=12cm，BC=6cm，∠ACB=60° の △ABC を，点 C を回転の中心として時計回りに回転させ，点 A，B が移動した点を，それぞれ A′，B′ としたものです。3点 B，C，A′ が一直線上にあるとき，次の問いに答えなさい。ただし，円周率は π とします。

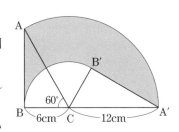

(1) △ABC を，時計回りに何度回転させましたか。

(2) 辺 AB が通過した部分（色をつけた部分）の面積を求めなさい。

ヒント

→ 8(2)
△ABC の中の色をつけた部分を，△A′B′C の中に移動する。

入試レベルの問題で力をつけよう。

1 右の図は，合同なひし形を 8 枚組み合わせたものです。**ア**の位置のひし形を，次の[手順]にしたがって移動させたとき，最後は**ア～ク**の中のどの位置にきますか。その記号を答えなさい。

〈青森県〉

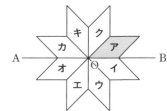

[手順]
① 最初に，点 O を中心として，時計の針の回転と同じ向きに 90° 回転移動する。
② ①で回転移動したひし形を，他のひし形とぴったりと重なるように平行移動する。
③ ②で平行移動したひし形を，AB を対称軸として対称移動する。

2 下の図1で，△ABC は，∠ABC＝90° の直角三角形です。△ABC を BE＜EC となるように，辺 BC の C の方向に平行移動させたものを △DEF とし，辺 AC と辺 DE の交点を P とします。点 P を中心とし，頂点 D が線分 AP 上にくるように △DEF を反時計回りに回転移動させたものを △QRS とします。
下の図2をもとに，△QRS を定規とコンパスを用いて作図し，頂点 Q，頂点 R，頂点 S の位置を示す文字 Q，R，S も書きなさい。ただし，作図に用いた線は消さないでおくこと。

〈19 都立新宿高〉

図1
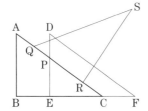

図2
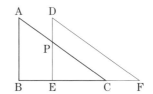

思考力 3 右の図の △ABC で，点 D は辺 AC 上の点で，∠ADB＝80°です。この図をもとにして，辺 BC 上にあり，∠BDE＝20°となる点 E を，定規とコンパスを使って作図によって求めなさい。ただし，作図に使った線は，消さずに残しておくこと。

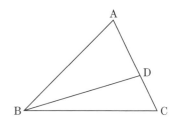

4 右の図のように，AB を直径とし中心が O の半円があります。その中に OB を直径とし中心が C の半円があり，さらに OC を直径とし中心が D の半円があります。AB=8 のとき，次の問いに答えなさい。ただし，円周率は π とします。 〈東海大付浦安高（千葉）〉

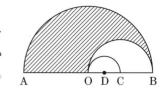

(1) 中心が D の半円の面積を求めなさい。

(2) 斜線部分の面積は，中心が D の半円の面積の何倍ですか。

(3) 弧 AB と弧 OB，弧 OC の長さの和が円周となるような円を考えます。この円の面積を求めなさい。

5 右の図のように，半径 9，中心角 60° のおうぎ形 OAB があります。線分 OA，線分 OB，および $\overset{\frown}{AB}$ に接する円を円 O_1，線分 OA，線分 OB，および円 O_1 に接する円を円 O_2 とします。このとき，斜線部分の面積を求めなさい。ただし，円周率は π を用いて表しなさい。

〈城北高（東京）〉

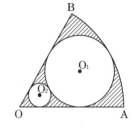

6 右の図のように，点 O を中心とする 2 つの円 O_1，O_2 があり，O_1 の半径は 1，O_2 の半径は 2 です。O_1 の半径 OA を A の側に延長した直線と，O_2 の交点を B とします。また，O_1，O_2 の円周上にはそれぞれ時計回りに一定の速さで動く点 P，Q があり，以下のように動くものとします。

点 P：点 A を出発し，72 秒で 1 周して止まる。
点 Q：点 P が点 A を出発してから 27 秒後に点 B を出発する。
　　　点 B を出発し，45 秒で 1 周して止まる。

また，半径 OP と OQ が通過した後の部分は黒く塗りつぶされます。さらに，半径 OQ と O_1 の交点を R とします。次の問いに答えなさい。なお，円周率は π を用いること。 〈専修大付高（東京）〉

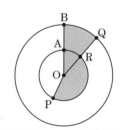

内側が円 O_1，外側が円 O_2

(1) 点 P が点 A を出発してから 5 秒後に黒く塗りつぶされている図形の面積を求めなさい。

(2) 点 Q が点 B を出発してから 9 秒後に黒く塗りつぶされている図形の面積を求めなさい。

(3) 黒く塗りつぶされている部分で，$\overset{\frown}{AR}$，$\overset{\frown}{BQ}$，および線分 AB，RQ で囲まれている図形の面積を S_1，黒く塗りつぶされているおうぎ形 ORP の面積を S_2 とするとき，$S_1=S_2$ となるのは，点 Q が点 B を出発してから何秒後か求めなさい。

空間図形

STEP01 要点まとめ ➡ 解答は別冊064ページ

　　　　にあてはまる数や記号，語句を書いて，この章の内容を確認しよう。

最重要ポイント

正多面体‥‥‥‥‥‥‥‥	正四面体，正六面体(立方体)，正八面体，正十二面体，正二十面体の5種類がある。
回転体‥‥‥‥‥‥‥‥	1つの直線を軸として平面図形を1回転させてできる立体。
投影図‥‥‥‥‥‥‥‥	立面図(立体を真正面から見た図)と平面図(立体を真上から見た図)を合わせた図。
ねじれの位置‥‥‥‥‥	空間内で，平行でなく，交わらない2直線の位置関係。
角錐・円錐の体積‥‥‥	角錐や円錐の体積は，底面が合同で，高さが等しい角柱や円柱の体積の$\frac{1}{3}$

1 いろいろな立体

1 　　　　にあてはまる数や語句を書きなさい。

▶▶▶右の見取図を見て，面の数や形に着目する。

面の数は01　　　つだから，この立体は02　　　面体である。

面 BCD が正三角形で，他の面がすべて合同な二等辺三角形であるとき，この立体は03　　　　　　である。

すべての面が合同な正三角形であるとき，この立体は04　　　　　　である。

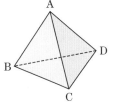

2 立体の表し方

2 右の図の円錐を展開図に表したとき，展開図の側面のおうぎ形の弧の長さと中心角の大きさを求めなさい。

▶▶▶円錐の展開図は，側面はおうぎ形，底面は円である。

POINT ▶ おうぎ形の弧の長さ

側面のおうぎ形の弧の長さは，底面の円周に等しい。

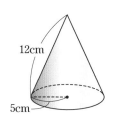

12cm

5cm

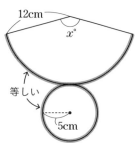

おうぎ形の弧の長さは,

$2\pi \times$ [05] $=$ [06]   (cm)

側面のおうぎ形の中心角を $x°$ とすると,

$2\pi \times$ [07] $\times \dfrac{x}{360} =$ [08]   ←おうぎ形の弧の長さは,中心角の大きさに比例する。

$x =$ [09]

等しい

3 直線や平面の位置関係

③ 右の直方体について,　　　にあてはまる辺をすべて答えなさい。

▶▶▶空間内の2直線の位置関係は,交わる,平行,ねじれの位置にある。

辺 AB と平行な辺は,辺[10]

辺 AB とねじれの位置にある辺は,辺[11]

面 ABCD と平行な辺は,辺[12]

面 ABCD と垂直な辺は,辺[13]

←面 ABCD 上の辺 AB,BC,CD,DA は,面 ABCD と平行とはいわない。

4 立体の計量

④ 右の図1の三角柱の表面積と図2の円錐の体積を求めなさい。

▶▶▶角柱・円柱の表面積＝側面積＋底面積×2

図1の三角柱で,

側面積は,　[14]　$\times \underbrace{(5+13+12)}_{\text{↑底面の周の長さ}} =$ [15]　(cm^2)

底面積は,　$\dfrac{1}{2} \times 5 \times$ [16] $=$ [17]　(cm^2)

表面積は,　[18] $+$ [19] $\times 2 =$ [20]　(cm^2)

↑側面積　　↑底面積　─(!)注意

底面は2つあるから ×2 を忘れないように。

図1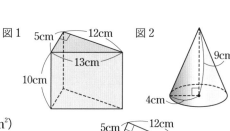

図2

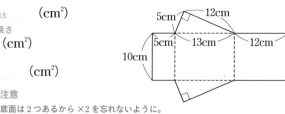

▶▶▶角錐・円錐の体積＝$\dfrac{1}{3} \times$ 底面積×高さ

図2の円錐で,

底面積は,　$\pi \times$ [21] $^2 =$ [22]　(cm^2)

体積は,　$\dfrac{1}{3} \times$ [23] $\times 9 =$ [24]　(cm^3)

POINT **角柱・円柱の体積**
角柱・円柱の体積
＝底面積×高さ

⑤ 半径 3cm の球の表面積と体積を求めなさい。

▶▶▶球の表面積を S,体積を V とすると,$S = 4\pi r^2$,$V = \dfrac{4}{3}\pi r^3$

表面積は,　[25] $\pi \times$ [26] $^2 =$ [27]　(cm^2)

体積は,　　[28] $\pi \times$ [29] $^3 =$ [30]　(cm^3)

学習内容が身についたか,問題を解いてチェックしよう。

1 次の①～④は,立方体の展開図（てんかいず）です。これらの展開図を組み立ててそれぞれ立方体をつくったとき,辺 AB と辺 CD がねじれの位置にあるのはどれですか。その展開図の番号を答えなさい。　〈広島県〉

ヒント 💬

➡ **1**
展開図を組み立てたとき,辺 AB と交わらず,平行でもない辺 CD をもつものを選ぶ。

2 直方体 ABCD-EFGH があり, AB＝6cm, AD＝AE＝4cm です。下の図1は,この直方体に3つの線分（せんぶん）AC,AF,CF を示したものです。このとき,次の問いに答えなさい。　〈京都府〉

ヒント 💬

➡ **2**(1)
まず,図2の展開図に,対応する頂点の記号を書く。

(1) 上の図2は,直方体 ABCD-EFGH の展開図の1つに,3つの頂点 D,G,H を示したものです。図1中に示した3つの線分 AC,AF,CF を,図2にかき入れなさい。ただし,文字 A,C,F を書く必要はありません。

(2) 直方体 ABCD-EFGH を,3つの頂点 A,C,F を通る平面で切ってできる三角錐（さんかくすい）ABCF の体積を求めなさい。

 3 次の問いに答えなさい。

確認 💡

➡ **3**
円錐の展開図で,側面のおうぎ形の弧の長さは,底面の円の周の長さに等しい。

(1) 下の図1の円錐の展開図をかくとき,側面になるおうぎ形の中心角の大きさを求めなさい。　〈長崎県〉

(2) 下の図2は,円錐（えんすい）の展開図です。この展開図を組み立てたとき,側面となるおうぎ形は,半径が16cm,中心角が135°です。底面となる円の半径を求めなさい。　〈徳島県〉

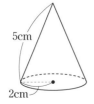 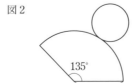

4 **次の問いに答えなさい。ただし，円周率は π とします。**

(1) 下の図1のように，長方形 ABCD と正方形 BEFG が同じ平面上にあり，点 C は線分 BG の中点で，AB＝BE＝4cm です。長方形 ABCD と正方形 BEFG を合わせた図形を，直線 GF を軸として1回転させてできる立体の体積を求めなさい。 〈秋田県〉

(2) 下の図2のように，おうぎ形 ABC と直角三角形 ABD を合わせた図形があり，AB＝3cm，AD＝4cm です。この図形を，直線 CD を軸として1回転させてできる立体の体積を求めなさい。

図1 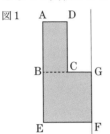   図2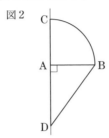

5 **次の問いに答えなさい。ただし，円周率は π とします。**

(1) 下の図1の投影図で表された立体の表面積を求めなさい。 〈明治学院高（東京）〉

 (2) 下の図2の円錐の表面積を求めなさい。 〈駿台甲府高（山梨）〉

図1 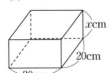   図2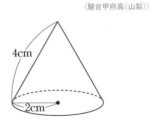

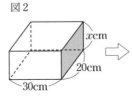

思考力 6 下の図1のように，底面の2辺が30cm，20cm，高さ x cm の直方体の木材があります。図2のように，その木材を▢▢▢の面と平行に，10個の直方体の木材に等しく切り分けました。切り分けた10個の木材の表面積の和が，切る前の木材の表面積の3倍になるとき，x の値を求めなさい。ただし，切る前の木材の体積と，切り分けた10個の木材の体積の和は，等しいものとします。 〈和歌山県〉

図1   図2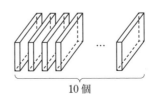

確認 💡

→ 4
立体の体積
円柱の底面の円の半径を r，高さを h，体積を V とすると，
$$V＝\pi r^2 h$$
円錐の底面の円の半径を r，高さを h，体積を V とすると，
$$V＝\frac{1}{3}\pi r^2 h$$
球の半径を r，体積を V とすると，
$$V＝\frac{4}{3}\pi r^3$$

確認 💡

→ 5(2)
円錐の側面積
円錐の底面の円の半径を r，母線の長さを R，側面積を S とすると，
$$S＝\pi r R$$

ヒント 💬

→ 6
 木材を10個に切り分けるとき，切る回数は9回で，1回切るごとに，表面積の和は，
（切り口の面積）×2
ずつ増える。

---

1 平面図形
2 空間図形
3 平行と合同
4 図形の性質
5 円
6 相似な図形
7 三平方の定理

入試レベルの問題で力をつけよう。

1 立方体と直方体の展開図について，次の問いに答えなさい。 〈兵庫県〉

(1) 図1は，立方体を辺にそって切り開いたときの展開図です。このように立方体を切り開くときに切った辺は何本ありますか。

図1

(2) 図2のような縦3cm，横2cm，高さ1cmの直方体を辺にそって切り開いた展開図をかきます。図3は，その展開図のうちの1つです。

図2

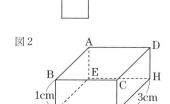

① 図3の**ア**，**イ**の点は，それぞれ図2のA〜Eのどの頂点に対応しますか。その頂点を書きなさい。

② 図3のように切り開くときに切った辺の長さの合計は何cmですか。

③ 図2の直方体の展開図のうち，周の長さが最長となるのは何cmですか。また，最短となるのは何cmですか。

図3

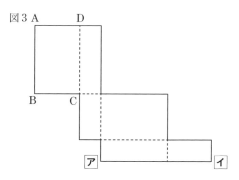

2 右の図は正十二面体の展開図で，これを組み立てると，面**ア**と面**シ**は平行になります。同じように平行になる面が他に5組あります。その平行になる5組の面を，すべて答えなさい。

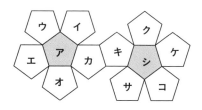

3 右の図のように，AB＝BC＝2cm，BF＝4cmの直方体 ABCD-EFGH があります。この直方体を頂点 A，C，F を通る平面で切ったときにできる三角錐 B-AFC の表面積を求めなさい。 〈秋田県〉

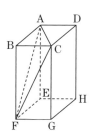

図形

1
平面図形

2
空間図形

3
平行と合同

4
図形の性質

5
円

6
相似な図形

7
三平方の定理

4 図1のように，底面の半径と高さがともに r cm の円錐の形をした容器 A があり，底面が水平になるようにおかれています。このとき，次の問いに答えなさい。ただし，円周率は π を用いることとし，容器の厚さは考えないものとします。　〈千葉県〉

図1
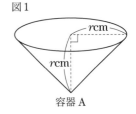
容器 A

(1) 容器 A で $r=6$ cm のとき，次の①，②の問いに答えなさい。
　① 容器 A に水をいっぱいに入れたとき，水の体積を求めなさい。

　② 水がいっぱいに入っている容器 A の中に，半径 2cm の球の形をしたおもりを静かに沈めました。このとき，容器 A からあふれ出た水の体積を求めなさい。

(2) 図2は，容器 A で $r=5$ cm のときに，水をいっぱいに入れたものです。また，図3は，底面の半径と高さがともに 5cm の円柱の形をした容器に，半径 5cm の半球の形をしたおもりを入れたものであり，これを容器 B とよぶことにします。容器 A に入っているすべての水を，容器 B に静かに移していきます。このとき，容器 B から水はあふれるか，あふれないかを答えなさい。ただし，その理由を式とことばで書き，答えること。

図2
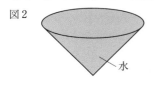
水

図3
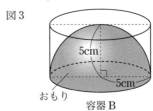
5cm
5cm
おもり
容器 B

(3) 図4は，容器 A で $r=10$ cm のときに，水面の高さが 9cm になるまで水を入れたものです。その中に底面の半径が 4cm の円柱の形をしたおもりを，底面を水平にして静かに沈めると，容器 A から水があふれ出たあと，図5のように円柱の形をしたおもりの底面と水面の高さが等しくなりました。このとき，容器 A からあふれ出た水の体積を求めなさい。

図4
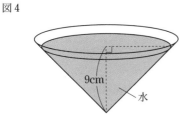
9cm
水

図5
おもり
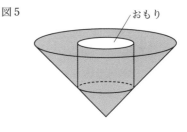

思考力 **5** AB=AD=6，AE=8 の直方体 ABCD-EFGH において，点 I，J をそれぞれ辺 BF と DH 上に IF=JH+1 となるようにとります。この直方体を3点 E，I，J を通る平面で切ると，この平面は辺 CG と点 K で交わり，直方体が2つの立体に分けられました。2つの立体の体積の比が
　（A をふくむ立体）：（G をふくむ立体）=5：3
であるとき，IF の長さを求めなさい。　〈慶応義塾志木高（埼玉）〉

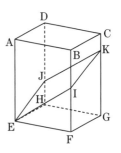

平行と合同

→ 解答は別冊067ページ

STEP01 要点まとめ

00 にあてはまる数や記号, 語句を書いて, この章の内容を確認しよう。

最重要ポイント

平行線と角 ·················· 2直線に1つの直線が交わるとき,
- 2直線が平行ならば, 同位角, 錯角は等しい。
- 同位角または錯角が等しければ, 2直線は平行である。

三角形の外角の性質 ······· 三角形の1つの外角は, それととなり合わない2つの内角の和に等しい。

n 角形の内角の和 ··········· n 角形の内角の和は, $180° \times (n-2)$

三角形の合同条件 ·········· ❶ 3組の辺がそれぞれ等しい。
❷ 2組の辺とその間の角がそれぞれ等しい。
❸ 1組の辺とその両端の角がそれぞれ等しい。

1 平行線と角

1 右の図で, $\ell /\!/ m$ のとき, $\angle x$, $\angle y$, $\angle z$ の大きさをそれぞれ求めなさい。

▶▶▶平行線の同位角, 錯角は等しい。また, 対頂角は等しい。

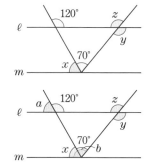

右の図で, $\angle a =_{01}$ ° $-120° =_{02}$ ° ←一直線の角は 180°

$\ell /\!/ m$ で, 平行線の $_{03}$ は等しいから,

$\angle x =_{04}$ °

$\angle b =_{05}$ ° $+70° =_{06}$ °

平行線の $_{07}$ は等しいから, $\angle y =_{08}$ °

対頂角は等しいから, $\angle z =_{09}$ °

2 右の図で, $\angle x$ の大きさを求めなさい。

▶▶▶三角形の内角の和は 180°

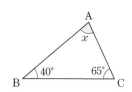

$\angle x + 40° +_{10}$ ° $=_{11}$ ° ← $\angle A + \angle B + \angle C = 180°$

よって, $\angle x =_{12}$ ° $- (40° +_{13}$ °$) =_{14}$ °

3 右の図で，∠x の大きさを求めなさい。

▶▶▶三角形の1つの外角は，それととなり合わない2つの内角の和
に等しい。

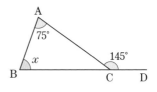

$75° + ∠x = {}_{15}$　　°　←∠A+∠B=∠ACD

よって，∠$x = {}_{16}$　　°$-75° = {}_{17}$　　°

4 正八角形の1つの内角の大きさを求めなさい。

▶▶▶n 角形の内角の和は，$180° × (n-2)$

八角形の内角の和は，

$180° × ({}_{18}$　　$-2) = {}_{19}$　　°

よって，1つの内角の大きさは，${}_{20}$　　°$÷ 8 = {}_{21}$　　°

> **POINT** **多角形の外角の和**
>
> 多角形の外角の和は 360°
>
>

2 合同な図形

5 右の図で，四角形 ABCD ≡ 四角形 EFGH のとき，
次の辺の長さや角の大きさを求めなさい。

▶▶▶合同な図形では，対応する線分の長さや角の大きさ
は等しい。

辺 HG に対応する辺は，辺${}_{22}$　　　だから，

HG = ${}_{23}$　　cm

∠D に対応する角は，∠${}_{24}$　　だから，∠D = ${}_{25}$　　°

> ⚠注意
> 対応する頂点は同じ順に書く。

3 図形と証明

6 右の図で，AB∥CD，点 E は線分 AD の中点です。
△ABE ≡ △DCE であることを証明しなさい。

▶▶▶仮定や図形の性質を根拠として，3つの三角形の合同条件のうち
どの条件が成り立つかを考える。

（証明）　△ABE と △DCE において，

点 E は線分 AD の中点だから，

AE = ${}_{26}$　　　……①

> ←「AB∥CD」と
> 「点 E は線分 AD の中点」は，
> この問題の仮定。

${}_{27}$　　　は等しいから，

∠AEB = ∠${}_{28}$　　　……②

AB∥CD で，平行線の${}_{29}$　　は等しいから，

∠${}_{30}$　　　= ∠CDE　……③

①，②，③より，${}_{31}$　　　　　　がそれぞれ等しいから，

△ABE ≡ △DCE　←この問題の結論。

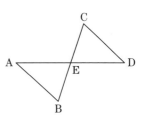

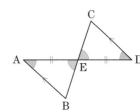

STEP02 基本問題 → 解答は別冊067ページ

学習内容が身についたか，問題を解いてチェックしよう。

1 右の図のように，3直線が1点で交わって
いるとき，∠x の大きさを求めなさい。

〈沖縄県〉

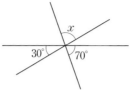

確認

→ **1**
対頂角の性質
対頂角は等しい。

 2 次の図で，ℓ∥m のとき，∠x の大きさを求めなさい。

(1)
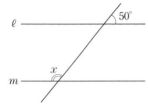

(2)
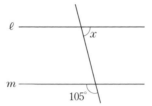

〈長崎県〉

確認

→ **2**
平行線の性質
平行な2直線に，1つの
直線が交わるとき，
①同位角は等しい。
②錯角は等しい。

(3)
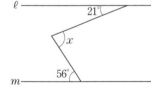

(4)
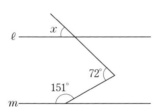

3 次の図で，∠x の大きさを求めなさい。

(1)
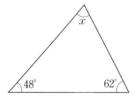

(2)
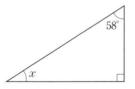

確認

→ **3**
**三角形の内角と外角の性
質**
①三角形の3つの内角の
　和は180°である。
②三角形の1つの外角
　は，それととなり合わ
　ない2つの内角の和に
　等しい。

(3)

(4)
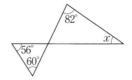

〈栃木県〉

4 次の問いに答えなさい。

(1) 下の図1のような七角形の内角の和は何度ですか。 〈鹿児島県〉

(2) 下の図2で，∠x の大きさを求めなさい。 〈栃木県〉

図1

図2
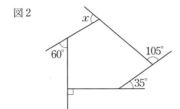

5 右の図の線分 AB，CD は，それぞれの中点 M で交わっています。この図において，三角形 ACM と合同な三角形を見つけ，記号を用いて表しなさい。また，そのときに使った合同条件を書きなさい。 〈群馬県〉

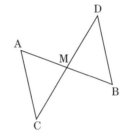

6 右の図で，AC＝AE，∠C＝∠E ならば，△ABC≡△ADE となります。このとき，次の問いに答えなさい。

(1) 仮定と結論を答えなさい。

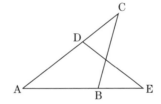

(2) 次の ☐ をうめて，△ABC≡△ADE であることを証明しなさい。

（証明） △ABC と △ADE において，

仮定から， ｜　　ア　　｜ ……①

∠C＝∠E ……②

共通だから， ｜　　イ　　｜ ……③

①，②，③より，｜　　　ウ　　　｜ がそれぞれ等しいから，

△ABC≡△ADE

7 右の図の四角形 ABCD は長方形で，点 M, N はそれぞれ辺 AD, BC の中点です。このとき，∠ABM＝∠CDN であることを証明しなさい。

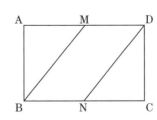

確認 → **4**

多角形の内角の和
n 角形の内角の和は，
$180° × (n−2)$

多角形の外角の和
多角形の外角の和は，
何角形でも 360° である。

確認 → **5**, **6**

三角形の合同条件
2つの三角形は，次のどれかが成り立てば，合同である。
①3組の辺がそれぞれ等しい。
②2組の辺とその間の角がそれぞれ等しい。
③1組の辺とその両端の角がそれぞれ等しい。

ヒント → **7**

△ABM≡△CDN を導き，合同な図形の性質を利用する。
合同な図形では，対応する辺の長さや角の大きさは等しい。

1 平面図形

2 空間図形

3 平行と合同

4 図形の性質

5 円

6 相似な図形

7 三平方の定理

入試レベルの問題で力をつけよう。

① 次の図で，$\ell /\!/ m$ のとき，$\angle x$ の大きさを求めなさい。

(1)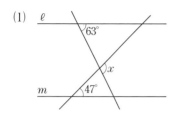

(2)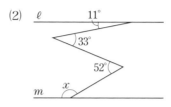

〈福島県〉

(3)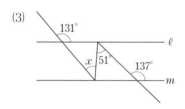

〈秋田県〉

(4)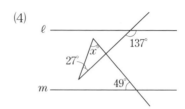

〈中央大杉並高（東京）〉

② 次の問いに答えなさい。

(1) 下の図1のような，1組の三角定規があります。この1組の三角定規を，図2のように，頂点 A と頂点 D が重なるようにおき，辺 BC と辺 EF との交点を G とします。$\angle BAE = 25°$ のとき，$\angle CGF$ の大きさ x を求めなさい。

〈19 埼玉県〉

図1 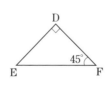　　図2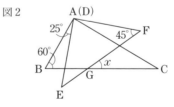

(2) 下の図3で，$x + y$ の値を求めなさい。

〈駿台甲府高（山梨）〉

(3) 下の図4で，△ABC≡△ADE，AE/\!/BC です。このとき，∠ACB の大きさを求めなさい。

〈茨城県〉

図3 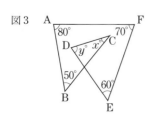　　図4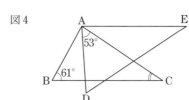

3 **正多角形について，次の問いに答えなさい。**

〈香川県・改題〉

(1) 正多角形の内角の和が 2160° となる正多角形の頂点の数は何個ですか。

(2) 正多角形の頂点の数が n 個のときの正多角形の 1 つの内角の大きさを x° とします。x の値が自然数となる n のうち，最も大きい n の値と，そのときの x の値を求めなさい。

4 右の図の正三角形 ABC で，BC，CA 上にそれぞれ点 D，E をとります。BD＝CE のとき，次の問いに答えなさい。

〈青森県〉

(1) △ABD と △BCE が合同になることを，次のように証明しました。
　　 ア ， イ にあてはまる式やことばを入れなさい。
（証明）
△ABD と △BCE で，
仮定より，　　　　　　　　　　　BD＝CE　　……①
また，△ABC は正三角形だから，　 ア 　……②
　　　　　　　　　　　∠ABD＝∠BCE　……③
①，②，③から，　 イ 　 がそれぞれ等しいから，
　　　　　　　　　　　△ABD≡△BCE

(2) AD と BE の交点を F とするとき，∠AFB の大きさを求めなさい。

5 右の図で，四角形 ABCD は正方形であり，E は対角線 AC 上の点で，AE＞EC です。また，F，G は四角形 DEFG が正方形となる点です。ただし，辺 EF と DC は交わるものとします。このとき，∠DCG の大きさを，次のように求めました。
　 ア ， イ ， ウ にあてはまる数やことばを書きなさい。
なお，2 か所の ア には，同じ数があてはまります。

〈愛知県〉

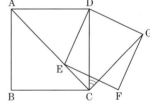

△AED と △CGD で，
四角形 ABCD は正方形だから，AD＝CD　　……①
四角形 DEFG は正方形だから，ED＝GD　　……②
また，∠ADE＝ ア °－∠EDC，∠CDG＝ ア °－∠EDC より，
　　　　　　　　∠ADE＝∠CDG ……③
①，②，③より，　 イ 　が，それぞれ等しいので，
　　　　　　　　△AED≡△CGD
合同な図形では，対応する角は，それぞれ等しいので，
　　　　　　　　∠DAE＝∠DCG
したがって，　　　　∠DCG＝ ウ °

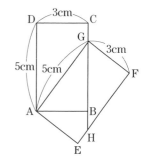

6 右の図のように，AD=5cm，DC=3cm の長方形 ABCD と，AG=5cm，
GF=3cm の長方形 AEFG があり，頂点 G が辺 CB 上にあります。
直線 CB と辺 EF の交点を H とするとき，次の問いに答えなさい。

〈佐賀県・一部〉

(1) ∠GAB＝∠HGF であることを，次のように証明しました。
　　(証明1)の ア ， イ にあてはまるものを，右の a〜d の中か
　　らそれぞれ1つずつ選び，記号を書きなさい。
　　(証明1)
　　　　 ア から，∠AGB＋∠HGF＝90°……①
　　　　△ABG において， イ から，
　　　　　　∠AGB＋∠GAB＋∠ABG＝180°
　　　　　　∠AGB＋∠GAB＋90°＝180°
　　　　　　　∠AGB＋∠GAB＝90°……②
　　　　①，②より，∠GAB＝∠HGF である。

a	対頂角は等しい
b	三角形の3つの内角の和は180°である
c	同位角は等しい
d	長方形の1つの内角は90°である

(2) (1)で示したことを用いて，△ABG≡△GFH であることを，次のように証明しました。
　　　　　　　　に証明の続きを書き，(証明2)を完成させなさい。
　　(証明2)
　　△ABG と △GFH において，
　　(1)より，∠GAB＝∠HGF……①

7 三角形 ABC の内角の和が180° であることを説明しなさい。ただし，「三角形の1つの外角は，
それととなり合わない2つの内角の和に等しい」ということを使ってはなりません。

〈大阪教育大附高［平野校舎］〉

8 右の図の △ABC に対して △ABD は，対応する2組の辺と
1つの角がそれぞれ等しいが，合同ではないといいます。こ
のような点 D を1つ作図しなさい。ただし，作図には定規
とコンパスを用い，作図に用いた線は消さないでおきなさい。

〈岡山朝日高〉

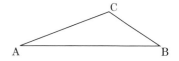

9 右の図のように，頂点 A が共通な 2 つの △ABC と △ADE があり，点 C，A，D は一直線上にあります。AB＝AC，AD＝AE，∠BAC＝∠EAD とするとき，BD＝CE であることを証明しなさい。　〈北海道・改〉

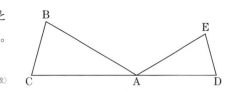

10 右の図のような正方形 ABCD があり，辺 AB の中点を E とします。頂点 B から線分 EC にひいた垂線の延長と辺 AD との交点を F とします。このとき，△ABF≡△BCE であることを証明しなさい。　〈新潟県〉

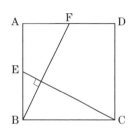

11 右の図のように，1 つの平面上に ∠BAC＝90° の直角二等辺三角形 ABC と正方形 ADEF があります。ただし，∠BAD は鋭角とします。このとき，△ABD≡△ACF であることを証明しなさい。　〈広島県〉

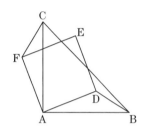

12 右の図は，長方形 ABCD を，対角線 AC を折り目として折り返したとき，点 B が移動した点を E，辺 AD と線分 CE の交点を F としたものです。このとき，△AEF≡△CDF であることを証明しなさい。　〈長崎県・一部〉

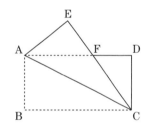

13 右の図のように，正方形 ABCD の辺 AD 上に点 E，辺 BC 上に点 F をとります。線分 EF を折り目としてこの正方形を折り返すと，点 C は線分 AB 上の点 G に，点 D は点 H にそれぞれ移りました。このとき，CG＝EF であることを証明しなさい。　〈西大和学園高（奈良）〉

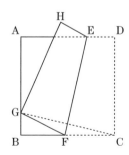

14 右の図のように，平行な 2 直線 AB，CD に 1 つの直線が交わっていて，その交点をそれぞれ P，Q とします。∠BPQ の二等分線と ∠PQD の二等分線の交点を R とすると，∠PRQ＝90° であることを証明しなさい。

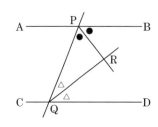

図形の性質

➡ 解答は別冊071ページ

STEP01 要点まとめ

　00　にあてはまる数や記号，語句を書いて，この章の内容を確認しよう。

最重要ポイント

二等辺三角形………（定義）2辺が等しい三角形を二等辺三角形という。
　　　　　　　　　（性質）❶底角は等しい。
　　　　　　　　　　　　　❷頂角の二等分線は，底辺を垂直に2等分する。

平行四辺形…………（定義）2組の対辺がそれぞれ平行な四角形を平行四辺形という。
　　　　　　　　　（性質）❶2組の対辺はそれぞれ等しい。
　　　　　　　　　　　　　❷2組の対角はそれぞれ等しい。
　　　　　　　　　　　　　❸対角線はそれぞれの中点で交わる。

1 二等辺三角形

1 右の図の △ABC で，AB＝AC です。∠x の大きさを求めなさい。

▶▶▶二等辺三角形の底角は等しい。

AB＝AC だから，∠B＝∠01

よって，∠x＝$(180° -$ 02 $°) \div 2 =$ 03 　°

⬆頂角

2 直角三角形

2 右の図の AB＝AC の二等辺三角形 ABC で，頂点 B，C から辺 AC，AB に垂線 BD，CE をひき，BD と CE の交点を F とします。

このとき，△FBC は二等辺三角形であることを証明しなさい。

▶▶▶直角三角形の合同条件を利用して，△EBC≡△DCB を導く。

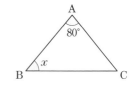

（証明） △EBC と △DCB において，

仮定から，∠BEC＝∠04 　　　＝05 　°　　　　　　……①

共通な辺だから，BC＝06 　　　　　　　　　　　　……②

△ABC は二等辺三角形だから，∠07 　　　＝∠08 　　……③

①，②，③より，直角三角形の

09 ____ がそれぞれ

等しいから，

△EBC≡△DCB

よって，∠10 ____ ＝∠11 ____   ←合同な図形の対応する角の大きさは等しい。

したがって，2つの角が等しいから，△FBC は二等辺三角形である。

> **POINT** 直角三角形の合同条件
> ❶斜辺と1つの鋭角がそれぞれ等しい。
> ❷斜辺と他の1辺がそれぞれ等しい。

▶3 平行四辺形と特別な平行四辺形

③ 右の図の平行四辺形 ABCD で，∠ADC の二等分線と辺 BC との交点を E とします。∠CED の大きさを求めなさい。また，線分 BE の長さを求めなさい。

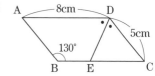

▶▶▶平行四辺形の対辺は等しい。また，対角は等しい。

平行四辺形の12 ____ は等しいから，∠ADC＝13 ____ °

DE は ∠ADC の二等分線だから，∠ADE＝∠CDE＝14 ____ °

AD∥BC だから，∠CED＝15 ____ °   ←平行線の錯角は等しい。

平行四辺形の16 ____ は等しいから，BC＝17 ____ cm

∠CDE＝∠CED だから，CE＝18 ____ cm   ←△CDE は二等辺三角形。

よって，BE＝19 ____ －20 ____ ＝21 ____ （cm）

④ ____ にあてはまる語句を書きなさい。

▶▶▶長方形，ひし形，正方形は平行四辺形の特別な場合である。

長方形は，4つの22 ____ が等しい四角形で，対角線の長さは23 ____ 。

ひし形は，4つの24 ____ が等しい四角形で，対角線が25 ____ に交わる。

▶4 平行線と面積

⑤ 右の図で，四角形 ABCD は平行四辺形で，PQ∥AC です。△ABP と面積が等しい三角形をすべて求めなさい。

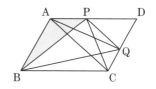

▶▶▶底辺に平行な直線上に頂点をもつ三角形を見つける。

△ABP と △ACP は，底辺26 ____ を共有し，AP∥27 ____ だから，

△ABP＝△ACP   ←△ABP と △ACP の面積が等しいことを，△ABP＝△ACP と表す。

△ACP と △ACQ は，底辺28 ____ を共有し，29 ____ ∥PQ だから，

△ACP＝△ACQ

△ACQ と △BCQ は，底辺30 ____ を共有し，31 ____ ∥32 ____ だから，

△ACQ＝△BCQ

よって，△ABP と面積が等しい三角形は，33 ____

1 平面図形

2 空間図形

3 平行と合同

4 図形の性質

5 円

6 相似な図形

7 三平方の定理

学習内容が身についたか,問題を解いてチェックしよう。

 1 次の図で,∠x の大きさを求めなさい。

(1) AB＝AC

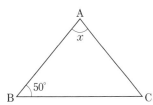

(2) AB＝BC

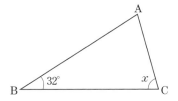

2 右の図のような二等辺三角形 ABC において,
「AB＝AC ならば,∠B＝∠C である」
ことを,次のように証明しました。□に
証明の続きを書き,証明を完成しなさい。

〈鳥取県〉

(証明)
点 A から辺 BC に垂線をひき,辺 BC との交
点を D とする。
△ABD と △ACD で,

合同な図形では,対応する角は等しいので,

∠B＝∠C

 3 次の図の平行四辺形 ABCD で,x の値を求めなさい。

(1)

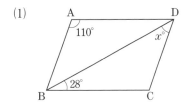

(2)

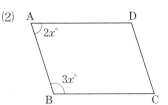

〈岐阜県〉

4 右の図の平行四辺形 ABCD で，点 B, D から対角線 AC に垂線をひき，その交点をそれぞれ E, F とします。このとき，AE＝CF であることを，次のように証明しました。▢ に証明の続きを書き，証明を完成しなさい。

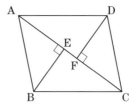

(証明)
△ABE と △CDF で，

合同な図形では，対応する辺は等しいので，

$$AE＝CF$$

ヒント

➡ **4**
平行四辺形の性質や直角三角形の合同条件を根拠にして，△ABE≡△CDF を導く。

5 四角形 ABCD において，必ず平行四辺形になるものを，次のア〜エから2つ選び，記号で答えなさい。　〈島根県〉

ア　AD∥BC，AB＝CD　　　　イ　AD∥BC，∠A＝∠B
ウ　AD∥BC，∠A＝∠C　　　　エ　∠A＝∠B＝∠C＝∠D

6 右の図の四角形 ABCD と四角形 BEFC は，どちらも平行四辺形です。点 A と E，点 D と F をそれぞれ結ぶと，四角形 AEFD は平行四辺形であることを証明しなさい。

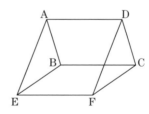

確認

➡ **5**, **6**
平行四辺形になる条件
四角形は，次のどれかが成り立つとき，平行四辺形である。
① 2組の対辺がそれぞれ平行である。（定義）
② 2組の対辺がそれぞれ等しい。
③ 2組の対角がそれぞれ等しい。
④ 対角線がそれぞれの中点で交わる。
⑤ 1組の対辺が平行でその長さが等しい。

新傾向
7 右の図の △ABC で，点 M は辺 BC の中点で，点 P は辺 AC 上の点です。点 P を通り，△ABC の面積を2等分する直線と辺 BC との交点を Q とするとき，次の問いに答えなさい。

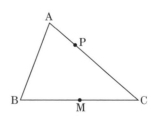

(1) 次の▢にあてはまる記号を入れて，点 Q の決め方を説明しなさい。
(説明)　点 A と M，点 P と M をそれぞれ結ぶ。
　　　　点 ▢ア を通り，線分 ▢イ に平行な直線をひき，辺 BC との交点を Q とする。

(2) (1)の説明にしたがって，上の図に直線 PQ をかき入れなさい。

ヒント

➡ **7**
点 M は辺 BC の中点だから，直線 AM は △ABC の面積を2等分する。
したがって，△AMC＝△AMP＋△PMC と考え，△AMP＝△PQM となるような，辺 BC 上の点 Q を考える。

1 平面図形
2 空間図形
3 平行と合同
4 図形の性質
5 円
6 相似な図形
7 三平方の定理

入試レベルの問題で力をつけよう。

 1 次の問いに答えなさい。

(1) 右の図のように，∠BAC＝42°，AB＝AC の二等辺三角形 ABC があり，辺 AC 上に AD＝BD となる点 D をとります。このとき，∠x の大きさを求めなさい。 〈山口県〉

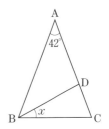

(2) 右の図で，△ABC は正三角形，四角形 ACDE は正方形，点 F は線分 AC と EB との交点です。このとき，∠EFC の大きさを求めなさい。 〈愛知県〉

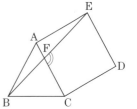

(3) 右の図において，ℓ∥m であり，点 A，B はそれぞれ ℓ，m 上にあります。△ABC が AB＝BC の二等辺三角形であるとき，∠x の大きさを求めなさい。 〈東京工業大附科学技術高〉

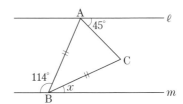

(4) 右の図において，△ABC は AB＝AC の二等辺三角形であり，∠B＝65° です。点 D，E はそれぞれ辺 AB，AC 上の点であり，点 F は直線 BC，DE の交点です。また，∠CFE＝30° です。このとき，∠DEA の大きさを求めなさい。 〈山梨県〉

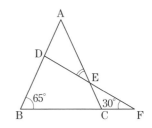

(5) 右の図で，点 C，D は AB を直径とする半円 O の周上の点であり，点 E は直線 AC と BD の交点です。半円 O の半径が 5cm，弧 CD の長さが 2πcm のとき，∠CED の大きさを求めなさい。 〈愛知県〉

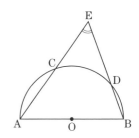

2 次の問いに答えなさい。

(1) 右の図において，四角形 ABCD は平行四辺形である。∠x の
大きさを求めなさい。　　　　　　　　　　　　　　　〈栃木県〉

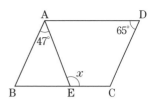

(2) 右の図で，四角形 ABCD はひし形，四角形 AEFD は正方形で
す。∠ABC＝48° のとき，∠CFE の大きさを求めなさい。
　　　　　　　　　　　　　　　　　　　　　　　　　〈愛知県〉

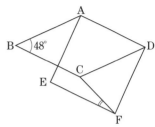

(3) 右の図のような平行四辺形 ABCD で，辺 BC 上に AE＝EC と
なるように点 E をとり，さらに AE 上に AB＝CF となる点 F
をとると，∠BAE＝48°，∠ECF＝32° になりました。図の x，
y の値を求めなさい。　　　　　　　　　　〈ラ・サール高（鹿児島）〉

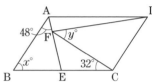

難問

3 次の問いに答えなさい。

思考力

(1) 右の図の平行四辺形 ABCD において，点 P は対角線 BD 上の点
で，点 P を通る線分 QR，ST は，それぞれ平行四辺形 ABCD の
辺に平行になっています。四角形 AQPS の面積が 6cm² のとき，
△RTC の面積を求めなさい。

(2) 右の図で，点 C，D は中心角が 90° のおうぎ形 OAB の弧 BA 上の点で，
∠BOC＝∠COD＝∠DOA です。また，点 E，F は線分 BO 上の点で，
EC∥OA，FD∥OA であり，点 G は線分 CO と FD との交点です。線
分 EC，EF，FD と弧 CD で囲まれた図の　　の部分の面積は，おうぎ
形 OAB の面積の何倍ですか。
　　　　　　　　　　　　　　　　　　　　　　　〈愛知県・一部〉

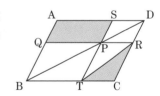

(3) 右の図の四角形 ABCD において，∠B＝∠D＝90°，∠C＝75°，
AD＝CD とします。四角形 ABCD の面積が 50cm² であるとき，
BD の長さを求めなさい。　　　　　　　　　　〈立命館高（京都）・改〉

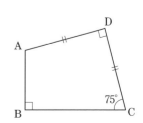

4 右の図のように，AB＝AC である直角二等辺三角形 ABC の頂点 A を通る直線に，頂点 B，C からそれぞれ垂線 BD，CE をひきます。このとき，BD＋CE＝DE であることを次のように証明します。 $\boxed{a}$ ， $\boxed{b}$ にあてはまる数をそれぞれ書きなさい。また， $\boxed{Ⅰ}$ ， $\boxed{Ⅱ}$ ， $\boxed{Ⅲ}$ にあてはまるものの組み合わせとして最も適当なものを，下のアからエまでの中から選んで，そのかな符号を書きなさい。なお，2か所の $\boxed{a}$ には同じ数，3か所の $\boxed{Ⅰ}$ と2か所の $\boxed{Ⅱ}$ ， $\boxed{Ⅲ}$ にはそれぞれ同じものがあてはまります。

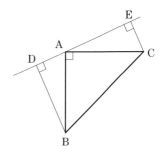

〈愛知県〉

(証明)　△ADB と △CEA で，

仮定より，　　∠ADB＝∠CEA＝90°　　……①

　　　　　　　　AB＝CA　　　　　　……②

また，　　∠ABD＝ $\boxed{a}$ °－∠ $\boxed{Ⅰ}$ ……③

　　　　∠CAE＝ $\boxed{b}$ °－∠BAC－∠ $\boxed{Ⅰ}$

　　　　　　＝ $\boxed{a}$ °－∠ $\boxed{Ⅰ}$ ……④

③，④より，　∠ABD＝∠CAE　　　……⑤

①，②，⑤から，直角三角形の斜辺と1つの鋭角が，それぞれ等しいので，

　　　　　　　△ADB≡△CEA

合同な図形では，対応する辺の長さは等しいので，

　　　　　　BD＝ $\boxed{Ⅱ}$ ，　 $\boxed{Ⅲ}$ ＝CE

よって，　　BD＋CE＝ $\boxed{Ⅱ}$ ＋ $\boxed{Ⅲ}$ ＝DE

ア　Ⅰ　BAD，Ⅱ　AD，Ⅲ　AE	イ　Ⅰ　ADB，Ⅱ　AE，Ⅲ　AD
ウ　Ⅰ　BAD，Ⅱ　AE，Ⅲ　AD	エ　Ⅰ　ADB，Ⅱ　AD，Ⅲ　AE

5 右の図は，AB＜AD である長方形 ABCD を，対角線 AC を折り目として折り曲げて，頂点 D が移った点を E，AE と BC の交点を F としたものです。このとき，△FAC は二等辺三角形であることを，次の(1)，(2)の2つの考え方でそれぞれ証明しなさい。

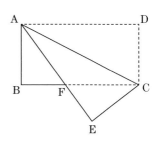

(1)　∠FAC＝∠FCA を導く。

(2)　△ABF≡△CEF から，FA＝FC を導く。

6 右の図のように，∠A が 60° で，∠ABC が 60° より大きい
△ABC があります。辺 AC 上に点 D を ∠CBD＝60° となるよ
うにとり，点 B と点 D を結びます。続いて，辺 AB 上に点 E
を ∠ADE＝60° となるようにとり，直線 DE と，点 B を通り
辺 AC と平行な直線との交点を F とします。また，点 E を通
り辺 AC と平行な直線と，辺 BC，線分 BD との交点をそれぞれ G，H とします。このとき，
△EBG≡△FBD であることを証明しなさい。

〈愛媛県・一部〉

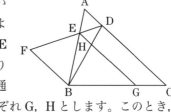

7 右の図のように，正方形 ABCD を点 A を中心に時計回りに 30° 回
転させて正方形 AB′C′D′ をつくります。このとき，BB′＝BC′ とな
ることを証明しなさい。

〈関西学院高等部（兵庫）〉

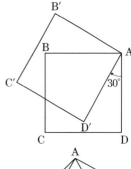

8 右の図のように，正三角形 ABC の内側に点 D をとり，△DBC の
外側に，辺 BD，DC をそれぞれ 1 辺とする正三角形 BDE と正三
角形 DCF をつくります。このとき，点 A と E，点 A と F をそれ
ぞれ結ぶと，四角形 AEDF は平行四辺形であることを証明しなさ
い。

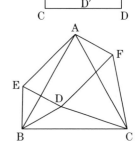

よく出る

9 ∠C＝90° の直角三角形 ABC の頂点 C を通る直線に対して，点 A，
B から垂線 AD，BE をひいたところ，DC＝CE でした。このとき，
AB＝AD＋BE が成り立つことを証明しなさい。　〈大阪教育大附高［平野校舎］〉

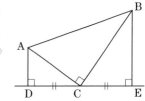

思考力

10 右の図のように，長方形 ABCD と線分 PQ があります。辺 BC 上
に点 R をとり，折れ線 PQR で長方形 ABCD の面積を 2 等分した
い。このとき，次の問いに答えなさい。

〈大阪教育大附高［池田校舎］〉

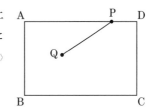

(1) 点 R をどこにとればよいですか。作図の手順を書きなさい。

(2) (1)の手順で求めた点 R によって，折れ線 PQR で長方形 ABCD の面積が 2 等分されることを
証明しなさい。

➡ 解答は別冊075ページ

STEP01 要点まとめ

00 にあてはまる数や記号，語句を書いて，この章の内容を確認しよう。

最重要ポイント

円周角の定理……………1つの弧に対する円周角の大きさは一定であり，その弧に対する中心角の大きさの半分である。

円周角と弧の定理……1つの円で，
- 等しい円周角に対する弧は等しい。
- 等しい弧に対する円周角は等しい。

円と接線………………円外の1点から，その円にひいた2つの接線の長さは等しい。

1 円周角の定理

1 右の図で，∠x の大きさを求めなさい。

▶▶▶円周角の大きさは，同じ弧に対する中心角の大きさの半分。

$$\angle x = \frac{1}{2} \times {}_{01} \quad ° = {}_{02} \quad ° \quad \Leftarrow \angle ACB = \frac{1}{2}\angle AOB$$

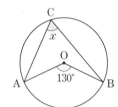

2 右の図で，∠x の大きさを求めなさい。

▶▶▶1つの弧に対する円周角の大きさは一定。

点 C と D を線分で結ぶ。

$\overset{\frown}{BD}$ に対する円周角だから，∠BCD＝∠${}_{03}$ ＝${}_{04}$ °

$\overset{\frown}{DF}$ に対する円周角だから，∠DCF＝∠${}_{05}$ ＝${}_{06}$ °

よって，∠x＝${}_{07}$ °＋${}_{08}$ °＝${}_{09}$ °

⬆∠BCD ⬆∠DCF

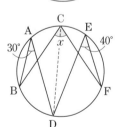

3 右の図で，線分 BC は円 O の直径で，AB＝AC です。

∠x の大きさを求めなさい。

▶▶▶半円の弧に対する円周角は90°

線分 BC は円 O の ${}_{10}$ だから，∠BAC＝${}_{11}$ °

よって，△ABC は直角二等辺三角形だから，∠x＝${}_{12}$ °

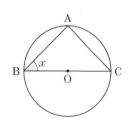

2 円と接線

4 右の図のように，点 P から円 O に接線をひき，円 O との接点をそれぞれ A，B とします。このとき，PA＝PB であることを証明しなさい。

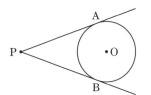

▶▶▶円の接線は，接点を通る半径に垂直。

（証明） 点 O と P，A，B をそれぞれ結ぶ。

△APO と △BPO において，

円の接線は，接点を通る半径に₁₃　　　　　だから，

$\angle$PAO＝$\angle$₁₄　　　　＝₁₅　　　°。　　　　……①

共通な辺だから，PO＝PO　　　　　　　　　　……②

OA，OB は円 O の₁₆　　　　だから，OA＝₁₇　　　……③

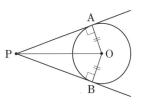

①，②，③より，直角三角形の₁₈　　　　がそれぞれ等しいから，

　　△APO≡△BPO　　　よって，PA＝PB

3 円に内接する四角形

5 右の図で，$\angle x$ の大きさを求めなさい。

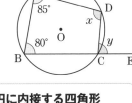

▶▶▶円に内接する四角形の性質は，次の通り。

　❶対角の和は 180°

　❷１つの外角はそれととなり合う内角の対角に等しい。

$\angle$B＋$\angle$D＝₁₉　　°だから，

$\angle x$＝₂₀　　°－80°＝₂₁　　°

$\angle$A＝$\angle$₂₂　　だから，

$\angle y$＝₂₃　　°

POINT 円に内接する四角形

和が180°　　等しい

4 接線と弦のつくる角

6 右の図で，ST は円 O の接線，B は接点で，AB＝AC です。$\angle x$ の大きさを求めなさい。

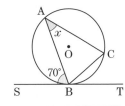

▶▶▶円の接線とその接点を通る弦のつくる角は，

　その角の内部にある弧に対する円周角に等しい。

接線と弦のつくる角の定理より，◀接弦定理ともいう。

$\angle$C＝$\angle$₂₄　　　　＝₂₅　　°

△ABC は二等辺三角形だから，

$\angle$ABC＝$\angle$C＝₂₆　　°

よって，$\angle$A＝180°－₂₇　　°×2＝₂₈　　°

POINT 接弦定理

等しい

学習内容が身についたか, 問題を解いてチェックしよう。

 1 次の図で, ∠x の大きさを求めなさい。(点 O は円の中心)

(1)

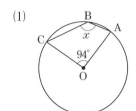

〈愛知県〉

(2)

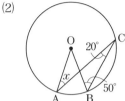

〈群馬県〉

(3)

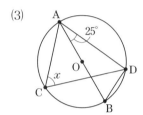

〈19 東京都〉

(4)

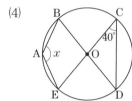

〈お茶の水女子大附高(東京)〉

 2 次の図で, ∠x の大きさを求めなさい。(点 O は半円, 円の中心)

(1) $\overset{\frown}{AD} = \overset{\frown}{DC}$

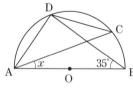

〈香川県〉

(2) $\overset{\frown}{AD} : \overset{\frown}{DC}$
$= 2 : 3$

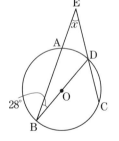

〈日本大習志野高(千葉)〉

3 右の図の △ABC で, 点 D, E はそれぞれ辺 AB, AC 上の点で, 点 F は線分 BE と CD の交点です。このとき, 次の問いに答えなさい。

〈明治大付中野高(東京)・改〉

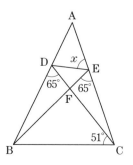

(1) 同一円周上にある 4 点を答えなさい。

(2) ∠x の大きさを求めなさい。

確認 →**1**
円周角の定理
1つの弧に対する円周角の大きさは一定で, その弧に対する中心角の半分である。

直径と円周角
半円の弧に対する円周角は 90° である。

確認 →**2**
円周角と弧の定理
1つの円で, 等しい弧に対する円周角は等しい。

円周角と弧の性質
1つの円で, 弧の長さと円周角の大きさは比例する。

確認 →**3**
円周角の定理の逆
2点 P, Q が直線 AB について同じ側にあって,
∠APB = ∠AQB
ならば, 4点 A, B, P, Q は 1つの円周上にある。

4 右の図のような半径2cmの円に，3辺で接する直角三角形があります。この直角三角形の斜辺の長さが10cmのとき，次の問いに答えなさい。 〈函館ラ・サール高（北海道）・改〉

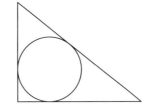

(1) この直角三角形の周の長さを求めなさい。

(2) この直角三角形の面積を求めなさい。

確認 💡

➡ 4
接線の長さ
円外の1点からその円に
ひいた2つの接線の長さ
は等しい。

5 右の図で，4点 A，B，C，D は円 O の周上の点であり，線分BCは円Oの直径です。∠ADB＝41°のとき，∠ABCの大きさを，次の(1)，(2)の方法で求めなさい。 〈秋田県・改〉

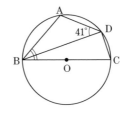

(1) 点 A と C を結んで，円周角の定理を利用する。

(2) 円に内接する四角形の性質を利用する。

確認 💡

➡ 5
円に内接する四角形の性質
円に内接する四角形では，
①対角の和は180°である。
②外角は，それととなり
合う内角の対角に等しい。

6 右の図のように，2本の半直線 PA，PB は，それぞれ点 A，B で円 O に接しています。このとき，∠x の大きさを，次の(1)，(2)の2通りの方法で求めなさい。 〈日本大三高（東京）・改〉

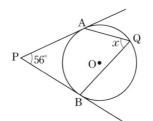

(1) 点 O と A，点 O と B をそれぞれ結んで，円周角の定理を利用する。

(2) 点 A と B を結んで，接弦定理を利用する。

確認 💡

➡ 6
円の接線と角
円の接線は，接点を通る半径に垂直である。

接線と弦のつくる角の定理（接弦定理）
円の接線とその接点を通る弦のつくる角は，その角の内部にある弧に対する円周角に等しい。

7 右の図のような円 O において，線分 AB は円 O の直径です。円 O の周上の点 C を通る接線と直線 AB との交点を D とします。∠ABC＝25°のとき，∠BDCの大きさを求めなさい。 〈長崎県〉

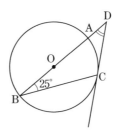

ヒント 💬

➡ 7
点 O と C を結ぶ。
または，点 A と C を結ぶ。

入試レベルの問題で力をつけよう。

 1 次の問いに答えなさい。

(1) 右の図で，BDを直径とする円Oの円周上に点A，Cがあります。このとき，∠x の大きさを求めなさい。　〈青森県〉

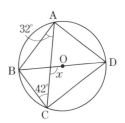

(2) 右の図で，A，B，C，Dは円周上の点で，AB＝ACです。このとき，∠x の大きさを求めなさい。　〈岩手県〉

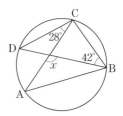

(3) 右の図で，4点A，B，C，Dは円周上にあります。このとき，∠x，∠y の大きさをそれぞれ求めなさい。　〈桐蔭学園高（神奈川）〉

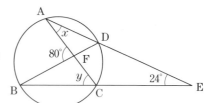

(4) 右の図のように，AB＝ACの二等辺三角形が円Oに内接しています。直線BOと円Oの交点のうち，BでないほうをDとし，ACとBDの交点をEとします。∠BAC＝46°のとき，∠ACD，∠AEDの大きさを求めなさい。　〈愛光高（愛媛）〉

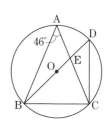

(5) 右の図のように，三角形ABCの3つの頂点A，B，Cを通る円があります。円周上に2点D，Eがあり，DEは辺BCの垂直二等分線です。∠BAC＝46°であるとき，∠BAEの大きさを求めなさい。　〈大阪教育大附高［平野校舎］〉

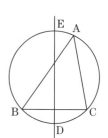

よく出る **2** 次の問いに答えなさい。

(1) 右の図のように，円周上に4点A，B，C，Dがあり，$\overset{\frown}{BC}=\overset{\frown}{CD}$ です。線分ACと線分BDの交点をEとします。∠ACB=76°，∠AED=80° のとき，∠ABEの大きさを求めなさい。　〈広島県〉

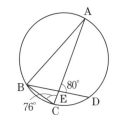

(2) 右の図のように，円Oの周上に5点A，B，C，D，Eをとります。線分ACは円Oの直径であり，$\overset{\frown}{BC}=\overset{\frown}{CD}=\overset{\frown}{DE}$，∠BAC=15° です。線分ACとBEの交点をFとするとき，∠AFEの大きさを求めなさい。　〈国立高専〉

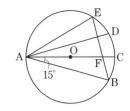

(3) 右の図において，$\overset{\frown}{AB}:\overset{\frown}{BC}:\overset{\frown}{CD}:\overset{\frown}{DA}=1:2:3:4$ のとき，∠x の大きさを求めなさい。　〈國學院大久我山高(東京)〉

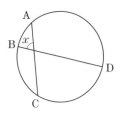

(4) 右の図において，点Oは円の中心，$\overset{\frown}{AB}:\overset{\frown}{BC}:\overset{\frown}{CA}=4:6:5$ のとき，∠x の大きさを求めなさい。　〈明治学院高(東京)〉

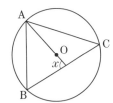

(5) 右の図において，ADは円Oの直径で，AB:DE=3:4 です。このとき，∠x の大きさを求めなさい。

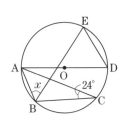

(6) 右の図のように，円周上に6点A，B，C，D，E，Fがあり，∠ACF=95°，$\overset{\frown}{AB}=\overset{\frown}{BC}=\overset{\frown}{CD}=\overset{\frown}{DE}=\overset{\frown}{EF}$ です。このとき，∠BFEの大きさを求めなさい。　〈西大和学園高(奈良)〉

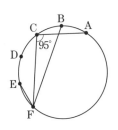

3 次の問いに答えなさい。ただし，円周率は π とします。

(1) 右の図のように，半径 10cm の円 O の周上に 3 点 A, B, C があります。∠BAC＝72°のとき，斜線部分の面積を求めなさい。　〈島根県〉

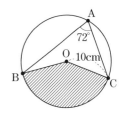

(2) 右の図のように，線分 AB を直径とする半径 3 の半円 O の円周上に 2 点 P, Q があります。AP と BQ を延長して交わった点を R とします。∠ARB＝72°のとき，$\overset{\frown}{PQ}$ の長さを求めなさい。　〈城北高(東京)〉

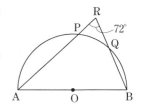

(3) 右の図のように，円 O の周上に 3 点 A, P, B があり，∠APB＝75° です。円周角 ∠APB に対する $\overset{\frown}{AB}$ の長さが 4πcm であるとき，円 O の周の長さを求めなさい。　〈京都府〉

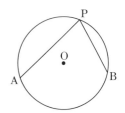

4 右の図のように，2 点 O, O′ をそれぞれ中心とする円 O, O′ は点 A で接しています。点 B, C は円 O の周上の点で，線分 BC は点 D で円 O′ に接し，線分 AC は円 O の直径です。また，円 O′ は線分 OC と交わり，その交点を点 E とします。円 O の半径を 3cm，∠DEA＝56° として，次の問いに答えなさい。　〈慶応義塾女子高(東京)〉

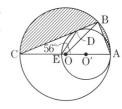

(1) ∠BOA の大きさを求めなさい。

(2) 図の 2 つの斜線部分の面積の差を求めなさい。ただし，円周率は π とします。

5 右の図のように，∠A＝50°，∠B＝60°，∠C＝70° の △ABC を，頂点 C を中心として，時計回りに 25°回転させたとき，A, B が移る点を，それぞれ D, E とします。AB と DE の交点を F とするとき，角の大きさの和 ∠BEC＋∠ECF を求めなさい。　〈筑波大附高(東京)〉

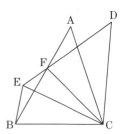

6 右の図のように，線分 AB を直径とする円 O の周上に 2 点 A，B と異なる点 C があります。$\overparen{AC}$ 上に 2 点 A，C と異なる点 P をとると，$\overparen{BC}=\overparen{AP}$ でした。また，PC＝AE となるように，線分 AB 上に点 E をとります。このとき，四角形 AECP が平行四辺形であることを証明しなさい。ただし，$\overparen{AC}$，$\overparen{BC}$，$\overparen{AP}$ はそれぞれ短いほうの弧を指すものとします。

〈富山県・一部〉

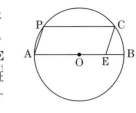

7 右の図のように，4 点 A，B，C，D が同一円周上にあり，△BCD は正三角形です。線分 AC 上に AP＝BP となる点 P をとるとき，次の問いに答えなさい。 〈島根県・一部〉

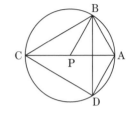

(1) ∠BAD の大きさを求めなさい。

(2) △PAB は正三角形であることを証明しなさい。

8 右の図は，周の長さが 86cm，面積が 430cm² の四角形 ABCD で，円 O は，この四角形の 4 つの辺に接しています。このとき，次の問いに答えなさい。

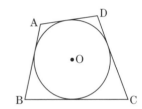

(1) 辺 AD と辺 BC の長さの和を求めなさい。

(2) 円 O の半径を求めなさい。

9 右の図のように，5 点 A，B，C，D，E は 1 つの円周上にあります。このとき，∠BCD の大きさを求めなさい。 〈明治大付中野高(東京)〉

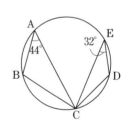

10 右の図のように，円 O が点 B で直線 XY に接しており，AD∥XY，AB＝AC，∠ABC＝74° です。このとき，∠DAC の大きさを求めなさい。 〈桐蔭学園高(神奈川)〉

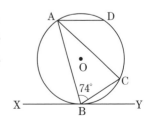

相似な図形

STEP01 要点まとめ ➡ 解答は別冊079ページ

〔　〕にあてはまる数や記号, 語句を書いて, この章の内容を確認しよう。

最重要ポイント

三角形の相似条件……………… ❶ 3組の辺の比がすべて等しい。
❷ 2組の辺の比とその間の角がそれぞれ等しい。
❸ 2組の角がそれぞれ等しい。

相似な平面図形の周と面積……… ● 周の長さの比は, 相似比に等しい。
● 面積の比は, 相似比の2乗に等しい。

相似な立体の表面積と体積……… ● 表面積の比は, 相似比の2乗に等しい。
● 体積の比は, 相似比の3乗に等しい。

1 相似な図形

1 右の図で, △ABC∽△DEF です。x, y の値を求めなさい。

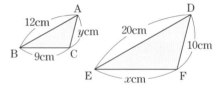

▶▶▶相似な図形では, 対応する線分の長さの比はすべて等しい。

辺 AB に対応する辺は辺〔 01 〕

だから, △ABC と △DEF の相似比は,

●……… ⚠ 注意
対応する頂点は
同じ順に書く。

12：〔 02 〕　＝〔 03 〕　：〔 04 〕　←簡単な整数の比で表す。

よって, 9：x＝〔 05 〕　：〔 06 〕　←$a：b＝c：d$ ならば $ad＝bc$

x＝〔 07 〕

y：10＝〔 08 〕　：〔 09 〕

y＝〔 10 〕

POINT▶ **相似比**

相似な図形で,
対応する部分の長さ
の比を相似比という。

2 右の図で, △ABC∽△ADB であることを証明しなさい。

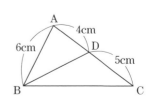

▶▶▶仮定や図形の性質を根拠として, 3つの三角形の相似条件のうちどの条件が成り立つかを考える。

図形

1
平面図形

2
空間図形

3
平行と合同

4
図形の性質

5
円

6
相似な図形

7
三平方の定理

(証明) △ABC と △ADB において，

　　∠A は共通　　　　　　　　　　　　　　　……①

　　AB : AD＝6 : $\boxed{11}$　　＝$\boxed{12}$: $\boxed{13}$　　……②　←簡単な整数の比で表す。

　　AC : AB＝(4+5) : $\boxed{14}$　＝$\boxed{15}$: $\boxed{16}$　　……③

①，②，③より，$\boxed{17}$　　　　　　　　がそれぞれ等しいから，

　　△ABC∽△ADB・┄┄┄❶注意

　　　　　　△ABC∽△ABD などと書くのは，対応する頂点の順でないので誤り。

2 平行線と線分の比

3 右の図で，DE∥BC のとき，x，y の値を求めなさい。

　▸▸▸ DE∥BC ならば，$\begin{cases} \text{AD : AB＝AE : AC＝DE : BC} \\ \text{AD : DB＝AE : EC} \end{cases}$

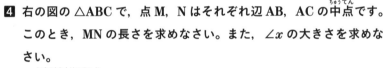

DE∥BC だから，AD : AB＝DE : BC

　　　　　　10 : $\boxed{18}$　＝$\boxed{19}$: x，$x=\boxed{20}$

また，AD : DB＝AE : EC，10 : $\boxed{21}$　＝$\boxed{22}$: y，$y=\boxed{23}$

4 右の図の △ABC で，点 M，N はそれぞれ辺 AB，AC の中点です。このとき，MN の長さを求めなさい。また，∠x の大きさを求めなさい。

　▸▸▸ 中点連結定理を利用する。

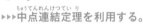

中点連結定理より，MN∥BC，MN＝$\frac{1}{2}$BC

MN＝$\frac{1}{2}×\boxed{24}$　＝$\boxed{25}$　　（cm）

三角形の内角の和は$\boxed{26}$　°だから，∠C＝$\boxed{27}$　°－(50°＋60°)＝$\boxed{28}$　°

MN$\boxed{29}$　BC で，同位角は等しいから，∠x＝$\boxed{30}$　°

3 相似と計量

5 右の図で，△ABC∽△DEF です。△ABC の面積が 27cm² のとき，△DEF の面積を求めなさい。

　▸▸▸ 相似比が $m : n$ ならば，面積の比は $m^2 : n^2$

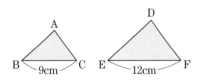

△ABC と △DEF の相似比は，

　　9 : $\boxed{31}$　＝$\boxed{32}$: $\boxed{33}$　←簡単な整数の比で表す。

△ABC : △DEF＝$\boxed{34}$²: $\boxed{35}$²

　　　　　　＝$\boxed{36}$: $\boxed{37}$　←面積の比。

よって，△DEF＝27×$\dfrac{\boxed{38}}{\boxed{39}}$＝$\boxed{40}$　　（cm²）

> **POINT** **相似な平面図形の面積の比**
> 相似比が $m : n$ ならば，
> 面積の比は $m^2 : n^2$

STEP02 基本問題 ➡ 解答は別冊079ページ

学習内容が身についたか, 問題を解いてチェックしよう。

1 右の図で, △ABC∽△DEF の
とき, 次の問いに答えなさい。

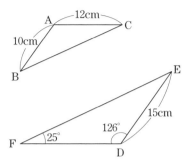

(1) △ABC と △DEF の相似比を
求めなさい。

(2) ∠B の大きさを求めなさい。

(3) 辺 DF の長さを求めなさい。

➡ **1**
確認

相似な図形の性質
相似な図形では,
①対応する線分の長さの
　比は等しい。
②対応する角の大きさは
　等しい。

---

2 次の問いに答えなさい。

(1) 右の図のように, △ABC の辺 AB 上に点 D,
辺 BC 上に点 E をとります。このとき,
△ABC∽△EBD であることを証明しなさい。

〈栃木県〉

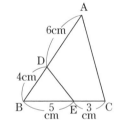

(2) 右の図の円において, $\overparen{AB}=\overparen{BC}=\overparen{CD}$ で, 線
分 BE と線分 AD の交点を F とするとき,
△ACE∽△FDE であることを証明しなさい。

〈鹿児島県〉

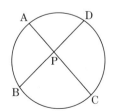

(3) 右の図のように, 円周上に 4 点 A, B, C, D
をとり, 線分 AC と BD との交点を P とし
ます。このとき, PA : PD = PB : PC である
ことを証明しなさい。　　　〈18 埼玉県〉

確認

➡ **2**
三角形の相似条件
2 つの三角形は, 次の①
〜③の条件のうち, どれ
か 1 つが成り立てば相似
である。
①3 組の辺の比がすべて
　等しい。

$a : a' = b : b' = c : c'$

②2 組の辺の比とその間
　の角がそれぞれ等し
　い。

$a : a' = c : c'$, $\angle B = \angle B'$

③2 組の角がそれぞれ等
　しい。

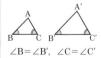

$\angle B = \angle B'$, $\angle C = \angle C'$

3 次の図で，DE∥BC のとき，x，y の値（あたい）を求めなさい。

(1)
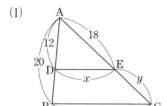

(2)
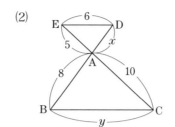

4 次の図で，$\ell \parallel m \parallel n$ のとき，x の値を求めなさい。

(1)
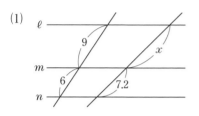

(2)
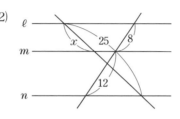

 5 右の図のように，△ABC の辺 BC 上に，BD：DC＝1：2 となる点 D をとります。また，線分 AD，辺 AC の中点（ちゅうてん）をそれぞれ E，F とします。このとき，BE＝DF であることを証明しなさい。〈福島県〉

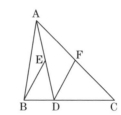

6 次の問いに答えなさい。

(1) △ABC と △DEF は相似であり，その相似比は 2：3 です。△ABC の面積が 8cm² であるとき，△DEF の面積を求めなさい。〈栃木県〉

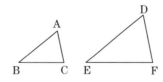

(2) 右の図のように，三角錐（さんかくすい）OABC の辺上に 3 点 D，E，F があり，三角錐 OABC が平面 DEF で 2 つの部分 P，Q に分けられています。底面 ABC と平面 DEF が平行で，AB：DE＝5：2 であるとき，Q の体積は P の体積の何倍ですか。〈徳島県〉

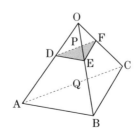

確認 💡

→ **3**

三角形と線分の比

△ABC の辺 AB，AC 上に，それぞれ点 D，E があるとき，DE∥BC ならば，
AD：AB＝AE：AC
　　　　＝DE：BC
AD：DB＝AE：EC

※点 D，E はそれぞれ辺 AB，AC の延長上にあってもよい。

確認 💡

→ **4**

平行線と線分の比

平行な 3 直線 ℓ, m, n が，2 直線と次のように交わっているとき，
AB：BC＝A′B′：B′C′
AB：A′B′＝BC：B′C′

確認 💡

→ **5**

中点連結定理

△ABC の 2 辺 AB，AC の中点をそれぞれ M，N とすると，
$$MN \parallel BC, \quad MN = \frac{1}{2}BC$$

ヒント 💬

→ **6**

相似な図形の面積の比

相似な平面図形では，面積の比は相似比の 2 乗に等しい。

相似な立体の体積の比

相似な立体では，体積の比は相似比の 3 乗に等しい。

1 平面図形
2 空間図形
3 平行と合同
4 図形の性質
5 円
6 相似な図形
7 三平方の定理

入試レベルの問題で力をつけよう。

1 地面に垂直に立てた長さ1mの棒の影(かげ)の長さが1.5mのとき，次の図の，旗を掲(かか)げるポールの高さAB，DEをそれぞれ求めなさい。点C，Fは，それぞれ影の先端(せんたん)です。

(1)
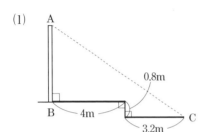

(2)
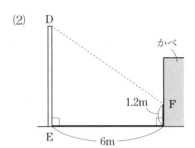

 2 右の図の四角形ABCDはAB=3cm，AD=5cmの平行四辺形です。辺CD上にCE=2cmとなる点Eをとり，直線ADと直線BEの交点をF，直線ACと直線BFの交点をGとするとき，次の問いに答えなさい。〈東京電機大高（東京）〉

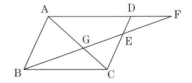

(1) 線分DFの長さを求めなさい。

(2) 線分GEと線分EFの長さの比を，最も簡単な整数の比で表しなさい。

(3) 四角形AGEDと△BCGの面積の比を，最も簡単な整数の比で表しなさい。

3 右の図の△ABCにおいて，AB=6cm，BC=8cm，CA=7cm，BD=2cmです。また，ADと平行な直線が，直線AB，辺AC，辺BCとそれぞれE，F，Gで交わっています。このとき，次の比を最も簡単な整数の比で表しなさい。〈18 青山学院高（東京）〉

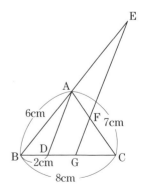

(1) AE : DG

(2) AF : DG

(3) AE : AF

(4) DG=3cmのとき，△CFG：△AEF

4 右の図のように，平行四辺形 ABCD があり，AB=5cm です。辺 AD 上に点 E を AB=DE となるようにとり，点 E を通り直線 AB に平行な直線と対角線 AC との交点を F とすると，EF=2cm でした。また，2 点 C，E を通る直線と直線 AB との交点を G とします。このとき，次の問いに答えなさい。

〈京都府〉

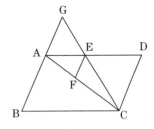

(1) AF：FC を最も簡単な整数の比で表しなさい。

(2) 線分 AG の長さを求めなさい。

(3) 点 D から直線 CE にひいた垂線と直線 CE との交点を H とするとき，△AEG と △BCH の面積の比を最も簡単な整数の比で表しなさい。

5 右の図で，△ABC は AB=AC の二等辺三角形であり，D，E はそれぞれ辺 AB，AC 上の点で，DE∥BC です。また，F，G はそれぞれ ∠ABC の二等分線と辺 AC，直線 DE との交点です。AB=12cm，BC=8cm，DE=2cm のとき，次の問いに答えなさい。

〈愛知県〉

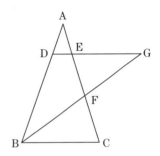

(1) 線分 DG の長さは何 cm ですか。

(2) △FBC の面積は，△ADE の面積の何倍ですか。

6 右の図の △ABC において，∠A の二等分線と辺 BC との交点を D，∠C の二等分線と辺 AB との交点を E，線分 AD と線分 CE との交点を F とします。また，∠ABC=∠BCE，AC=5cm，CD=3cm とします。次の問いに答えなさい。

〈19 青山学院高(東京)〉

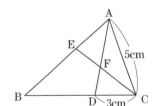

(1) AF：FD を最も簡単な整数の比で表しなさい。

(2) 線分 BD の長さを求めなさい。

7 右の図の △ABC において，辺 AC 上にあり，AP：PC=2：1 となるような点 P を，作図によって求めなさい。ただし，三角定規の角を利用して平行線や垂線をひくことはしないものとし，作図に用いた線は消さずに残しておくこと。

〈千葉県〉

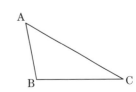

8 右の図1のような △ABC があります。辺 AB，BC の中点をそれ
ぞれ P，Q とします。次の問いに答えなさい。 〈大分県〉

図1

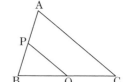

(1) AC＝6cm とするとき，線分 PQ の長さを求めなさい。

(2) △ABC の外部に点 D をとり，四角形 ABCD をつくります。四角
形 ABCD の辺 CD，AD の中点をそれぞれ R，S とします。次の
①，②の問いに答えなさい。

図2

① 右の図2のように，4点 P，Q，R，S を結んで四角形 PQRS
をつくります。この四角形 PQRS が平行四辺形であること
を証明しなさい。

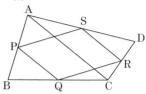

② 右の図3のように，平行四辺形 PQRS が正方形になるような
点 D の位置について考えます。△ABC から，この点 D の位
置を決める作図の1つとして，下の[作図方法]で，右の図4
のように作図をしました。

図3

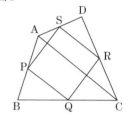

[作図方法]
① 点 B を通る線分 AC の垂線をひく。(AC⊥BD)
② AC＝BD となる点 D をとる。

次の[説明]は，上の[作図方法]から求めた点 D によってで
きる平行四辺形 PQRS が正方形であることを，説明したも
のです。

図4

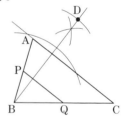

[説明] 正方形は，4つの角がすべて等しく，4つの辺
がすべて等しい四角形であるので，平行四辺形 PQRS
が正方形になるための条件は， Ⅰ である。
よって， Ⅰ であることを示す。

Ⅱ

ゆえに， Ⅰ であるので，平行四辺形 PQRS は正方
形である。

Ⅰ には最も適当なものを下のア～エから1つ選び，記号を書き， Ⅱ には，
AC⊥BD，AC＝BD を用いて続きを書き，[説明]を完成させなさい。
ア PQ⊥PS，PR＝QS イ PQ⊥PS，PQ＝PS
ウ PQ⊥PS，SP⊥SR エ PQ＝PS

9 右の図のように，AB＝10，BC＝9，CA＝8 の △ABC があり，辺 BC の中点を M とします。直線 AD は ∠BAC の二等分線であり，直線 AD と辺 BC との交点を P とします。AD⊥BD のとき，次の問いに答えなさい。　　　　　　　　　〈明治大付明治高（東京）〉

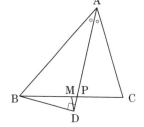

(1) MP の長さを求めなさい。

(2) AD：PD を最も簡単な整数の比で表しなさい。

(3) MD の長さを求めなさい。

10 次の問いに答えなさい。

(1) 右の図で，3 点 B，C，E は一直線上にあり，△ABC と △DCE は，相似比が 6：5 の相似な三角形です。また，4 点 B，F，G，H は一直線上にあり，AB＝AC＝12cm，AF＝9cm です。このとき，△ABF の面積を S，△DGH の面積を T として，$S：T$ を最も簡単な自然数の比で表しなさい。　　　　　　　　〈国立高専〉

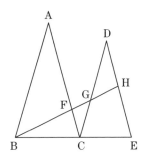

(2) 右の図のような，三角錐 A-BCD があります。点 P，点 Q は，それぞれ辺 AC，辺 AD 上にあります。AP：PC＝AQ：QD＝3：1 であるとします。このとき，三角錐 A-BPQ の体積は，四角錐 B–PCDQ の体積の何倍ですか。　　　　　　　　　　　〈秋田県〉

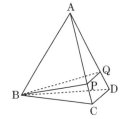

(3) 下の図 1 は，1 辺が 6cm の立方体 ABCD–EFGH の 4 つの頂点を結び，正四面体 ACFH をつくったもので，図 2 は，図 1 の正四面体 ACFH をかき出したものです。5 点 P，Q，R，S，T はそれぞれ辺 AH，AF，AC，CH，CF の中点で，これらを図のように直線で結び，立体 PQR-STC をつくります。この立体の体積を求めなさい。　　　　　　　〈岩手県・一部〉

図 1

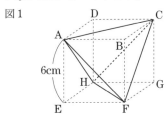

図 2

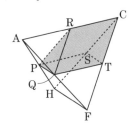

次の問いに答えなさい。

(1) 右の図の △ABC で，点 D は辺 AB 上にあり，AD：DB＝1：2 です。
点 E が線分 CD の中点のとき，△ABC と △AEC の面積比を求めな
さい。　〈岩手県〉

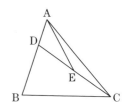

(2) 右の図のように，△ABC の辺 AB，BC，CA 上に，
$\dfrac{AP}{AB}=\dfrac{BQ}{BC}=\dfrac{CR}{CA}=\dfrac{2}{3}$ となるように，点 P，Q，R をとります。
このとき，面積比 △ABC：△PQR を求めなさい。　〈日本大第二高（東京）〉

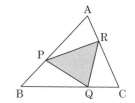

思考
力
(3) 右の図で，AD：DB＝2：1，AF：FC＝4：3 であるとき，BE：EC
を最も簡単な整数の比で表しなさい。　〈法政大高（東京）〉

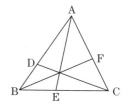

12 右の図のような，おうぎ形 ABC があり，$\overparen{BC}$ 上に点 D をとり，$\overparen{DC}$
上に点 E を，$\overparen{DE}=\overparen{EC}$ となるようにとります。また，線分 AE と
線分 BC の交点を F，線分 AE の延長と線分 BD の延長の交点を G
とします。次の問いに答えなさい。　〈山口県〉

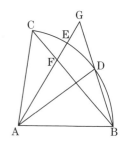

(1) △GAD∽△GBF であることを証明しなさい。

(2) おうぎ形 ABC の半径が 8cm，線分 EG の長さが 2cm であるとき，
線分 AF の長さを求めなさい。

13 右の図のように，線分 AB を直径とする円 O があります。円 O の周
上に点 C をとり，BC＜AC である △ABC をつくります。△ACD が
AC＝AD の直角二等辺三角形となるような点 D をとり，辺 CD と直
径 AB の交点を E とします。また，点 D から直径 AB に垂線をひき，
直径 AB との交点を F とします。このとき，次の問いに答えなさい。

〈高知県〉

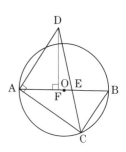

(1) △ABC∽△DAF を証明しなさい。

(2) AB＝10cm，BC＝6cm，CA＝8cm であるとき，線分 FE の長さを求めなさい。

14 平行四辺形 ABCD において，∠BAD，∠CDA の二等分線が線分 DC，AB の延長と交わる点をそれぞれ E，F とします。線分 AE，DF の交点を G とすると，右の図のようになりました。線分 AE，DF が辺 BC と交わる点をそれぞれ H，I とするとき，△GHI∽△GED となることを証明しなさい。 〈関西学院高等部(兵庫)〉

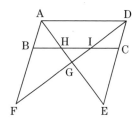

思考力 **15** 右の図のように，円に内接する四角形 ABCD があり，辺 AD，BC，CD の中点をそれぞれ E，F，G とします。直線 AD と直線 FG の交点を P，直線 BC と直線 EG の交点を Q とします。このとき，∠APF＝∠BQE であることを証明しなさい。 〈久留米大附設高(福岡)〉

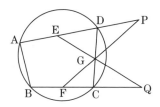

16 右の図1で，点 O は円の中心です。△ABC は，3つの頂点 A，B，C がすべて円 O の周上にあり，AB＞AC となる鋭角三角形です。頂点 A から辺 BC に垂直な直線をひき，辺 BC との交点を D とします。頂点 B と点 O を通る直線をひき，線分 AD との交点を E，円 O との交点のうち頂点 B と異なる点を F とします。頂点 C と点 O，頂点 C と点 F をそれぞれ結びます。線分 OC と線分 AD との交点を G とします。次の問いに答えなさい。 〈18 都立日比谷高〉

図1
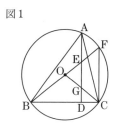

(1) 頂点 C をふくまない $\overparen{\text{AB}}$ と $\overparen{\text{AF}}$ の長さの比が 4：1，∠BAD＝36° のとき，∠BOC の大きさは何度ですか。

(2) △ABE∽△CAG であることを証明しなさい。

図2
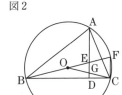

(3) 右の図2は，図1において，OG＝GC，AE：EG＝3：1 となった場合を表しています。AE＝4cm のとき，円 O の半径は何 cm ですか。

17 右の図のように，2円 C_1，C_2 が点 A において外接しています。2点 B，C は円 C_1 の周上にあり，3点 D，E，F は円 C_2 の周上にあります。3点 B，A，E と3点 C，A，F と3点 C，D，E はそれぞれ一直線上に並んでいます。また，直線 FD と直線 BE，BC の交点をそれぞれ点 G，H とします。△ABC は鋭角三角形とし，BC＝4，EF＝3，CH＝5 のとき，次の問いに答えなさい。 〈慶応義塾高(神奈川)〉

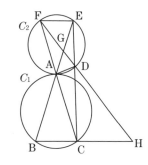

(1) EG：GA：AB を最も簡単な整数の比で表しなさい。

(2) △GAD：△DCH を最も簡単な整数の比で表しなさい。

三平方の定理

STEP01 要点まとめ

→ 解答は別冊085ページ

00 にあてはまる数や記号, 語句を書いて, この章の内容を確認しよう。

最重要ポイント

三平方の定理………**直角三角形の直角をはさむ2辺の長さを a, b, 斜辺の長さを c とすると, $a^2+b^2=c^2$ が成り立つ。**

特別な直角三角形の辺の比
……… {● 鋭角が 30°, 60° の直角三角形の3辺の比は, $2:1:\sqrt{3}$
　　　　● 鋭角が 45°, 45° の直角三角形の3辺の比は, $1:1:\sqrt{2}$

1 三平方の定理

1 右の図で, CD の長さを求めなさい。

▶▶▶△ABD, △BCD で, 三平方の定理を利用する。

$AB^2+AD^2=BD^2$ だから,

　　$BD^2=3^2+$ 01 　　$^2=$ 02

$BD>0$ だから, $BD=\sqrt{03}=$ 04 　　　　(cm)

$CD^2=BC^2-BD^2$ だから,

　　⚠注意 　$CD^2=BC^2+BD^2$ としないように。

　　$CD^2=7^2-($ 05 　　　$)^2=$ 06

$CD>0$ だから, $CD=\sqrt{07}=$ 08 　　　　(cm)

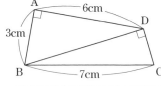

POINT 三平方の定理

$$a^2+b^2=c^2$$

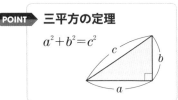

2 次の長さを3辺とする三角形は, 直角三角形であるかどうかを答えなさい。

① 5cm, 7cm, 9cm 　　　② 4cm, 8cm, $4\sqrt{3}$ cm

▶▶▶3辺 a, b, c の間に $a^2+b^2=c^2$ が成り立つかを調べる。

① $a=5$, $b=7$, $c=9$ とすると,

　　$a^2+b^2=25+$ 09 　　$=$ 10 　　, $c^2=$ 11

　　よって, a^2+b^2 12 　c^2 だから, 直角三角形で 13 　　　　　。

　　　　　⬆=または≠

② 8 と $4\sqrt{3}$ の大小は，8_{14} 　　 $4\sqrt{3}$

　　　　　　　↑不等号

$a=4$，$b=4\sqrt{3}$，$c=8$ とすると，

$a^2+b^2=16+_{15}$ 　　$=_{16}$ 　　　　，

$c^2=_{17}$

$a^2+b^2{}_{18}$ 　　 c^2 だから，直角三角形で$_{19}$ 　　　　　　　。

↑＝または ≠

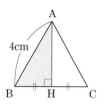

POINT **三平方の定理の逆**

△ABC で，

$a^2+b^2=c^2$ ならば，

∠C＝90°

▌2 三平方の定理と平面図形

❸ 1 辺が 4cm の正三角形の高さを求めなさい。

▸▸▸右の図で，$AB:BH:AH=2:1:\sqrt{3}$

$BH=\dfrac{1}{2}AB=\dfrac{1}{2}\times_{20}$ 　　$=_{21}$ 　　　（cm）

$AH=\sqrt{3}\,BH=\sqrt{3}\times_{22}$ 　　$=_{23}$ 　　　　（cm）

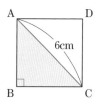

❹ 対角線の長さが 6cm の正方形の 1 辺の長さを求めなさい。

▸▸▸右の図で，$AB:BC:AC=1:1:\sqrt{2}$

$AB:AC=1:_{24}$ 　　　だから，$AC=_{25}$ 　　　AB

$AB=\dfrac{6}{_{26}}=_{27}$ 　　　（cm）

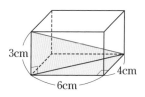

▌3 三平方の定理と空間図形

❺ 縦が 4cm，横が 6cm，高さが 3cm の直方体の対角線の長さを求めなさい。

▸▸▸縦 a，横 b，高さ c の直方体の対角線の長さ ℓ は，

$$\ell=\sqrt{a^2+b^2+c^2}$$

対角線の長さは，

$\sqrt{4^2+_{28}\quad{}^2+_{29}\quad{}^2}=_{30}$ 　　　（cm）

　↑縦　　↑横　　　↑高さ

❻ 右の図の円錐の体積を求めなさい。

▸▸▸底面の半径が r，母線の長さが ℓ の円錐の高さ h は，

$$h=\sqrt{\ell^2-r^2}$$

円錐の高さは，$\sqrt{_{31}\quad{}^2-_{32}\quad{}^2}=\sqrt{_{33}}=_{34}$ 　　　（cm）

　　　　　　　↑母線　　　↑底面の半径

円錐の体積は，$\dfrac{1}{3}\pi\times_{35}\quad{}^2\times_{36}\quad=_{37}$ 　　　（cm³）

　　　　　　　↑底面積　　　↑高さ

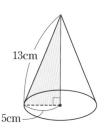

→ 解答は別冊086ページ

STEP02 基本問題

学習内容が身についたか，問題を解いてチェックしよう。

 1 次の図で，x の値(あたい)を求めなさい。

(1)

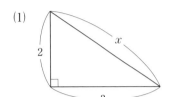

(2)

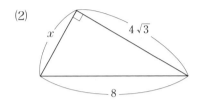

→ **1**

確認

→ 1

三平方の定理

直角三角形の直角をはさむ2辺の長さを a，b，斜(しゃ)辺の長さを c とすると，

$$a^2+b^2=c^2$$

が成り立つ。

2 次の問いに答えなさい。

(1) 3辺の長さが a cm，b cm，c cm である三角形があります。この三角形が直角三角形であるかどうかを調べる方法を，a，b，c を用いて説明しなさい。ただし，この三角形の3辺のうち，いちばん長い辺の長さは c cm です。

〈長野県〉

(2) 次の長さを3辺とする三角形の中から，直角三角形をすべて選んで，記号で答えなさい。

ア　4cm，6cm，7cm　　　　イ　8cm，15cm，17cm

ウ　$\sqrt{7}$ cm，$\sqrt{5}$ cm，$2\sqrt{3}$ cm　　エ　5cm，$2\sqrt{5}$ cm，$\sqrt{6}$ cm

 3 次の図で，x，y の値を求めなさい。

(1)

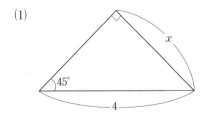

(2)

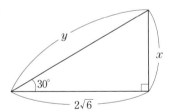

(3)

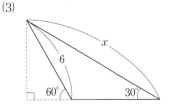

(4)

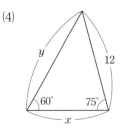

確認

→ 3

特別な直角三角形の辺の比

● 30°，60°，90°の直角三角形

● 45°，45°，90°の直角三角形(直角二等辺三角形)

4 次の図の円 O で，x の値を求めなさい。

(1)

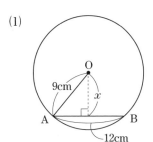

9cm
x
A   B
12cm

(2)　AP は接線で，点 P は接点

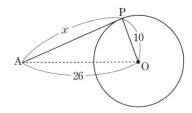

x
10
A
26
O

5 座標平面上に，点 A$(-3, 4)$，B$(1, 1)$，C$(4, 5)$ の 3 点を頂点とする △ABC があります。この三角形はどんな三角形ですか。できるだけ正確に答えなさい。

6 右の図の △ABC において，AB$=13$，BC$=14$，CA$=15$，∠AHB$=90°$ のとき，線分 AH の長さを求めなさい。　〈専修大附高（東京）〉

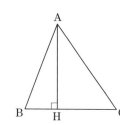

A
B   H   C

7 次の問いに答えなさい。

(1) 縦 5cm，横 8cm，高さ 6cm の直方体の対角線の長さを求めなさい。

(2) 1 辺が 5cm の立方体の対角線の長さを求めなさい。

8 次の問いに答えなさい。ただし，円周率は π とします。

(1) 下の図 1 の円錐の体積を求めなさい。　〈新潟県〉

(2) 下の図 2 の正四角錐の体積を求めなさい。　〈秋田県〉

図 1

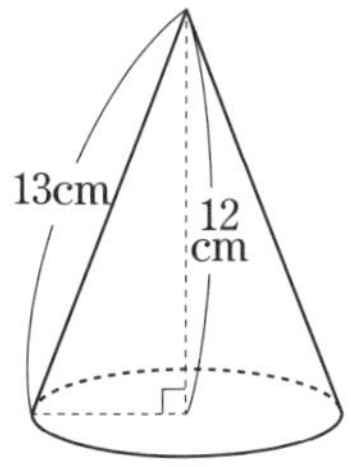

13cm
12cm

図 2

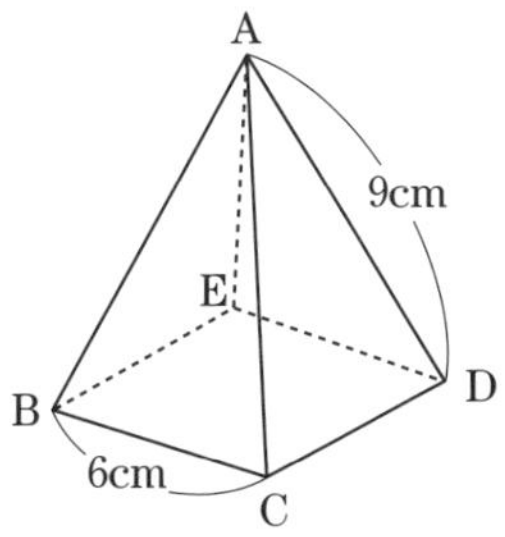

A
9cm
E
B
6cm
C
D

ヒント

➡ **5**
まず，3 辺の長さを求め，3 辺の間にどんな関係があるか調べる。

2 点間の距離
2 点 A(x_1, y_1)，B(x_2, y_2) 間の距離は，
$\sqrt{(x_2-x_1)^2+(y_2-y_1)^2}$

ヒント

➡ **6**
BH$=x$ として，△ABH，△ACH に三平方の定理を適用し，方程式をつくる。

確認

➡ **7**
直方体の対角線の長さ
縦 a，横 b，高さ c の直方体の対角線の長さを ℓ とすると，
$\ell=\sqrt{a^2+b^2+c^2}$

立方体の対角線の長さ
1 辺が a の立方体の対角線の長さを ℓ とすると，
$\ell=\sqrt{3}\,a$

ヒント

➡ **8** (2)
底面の正方形の対角線の交点を H とすると，この正四角錐の高さは AH である。

1 平面図形
2 空間図形
3 平行と合同
4 図形の性質
5 円
6 相似な図形
7 三平方の定理

→ 解答は別冊087ページ

入試レベルの問題で力をつけよう。

 1 長方形 ABCD の辺 AB 上に点 E をとり，辺 AD 上に点 F をとります。線分 EF を折り目として折り返したところ，点 A が辺 BC 上の点 G に重なりました。AB=12，AD=20，BE=5 のとき，次の線分の長さを求めなさい。　〈慶応義塾志木高(埼玉)〉

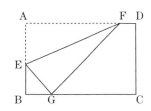

(1)　BG

(2)　EF

2 図1，図2のように，正方形や正六角形に正三角形を重ねてできる図形について考えます。次の問いに答えなさい。　〈滋賀県〉

図1

(1)　図1は，1辺の長さが $\sqrt{2}$ の正三角形 AEF の頂点 E，F を，それぞれ正方形 ABCD の辺 BC，CD 上にとったものです。正方形 ABCD の1辺の長さを x とするとき，線分 BE の長さを x を用いた式で表しなさい。

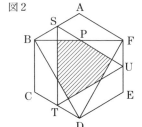

(2)　図2は，面積が $40\sqrt{3}$ の正六角形 ABCDEF の辺 AB，CD，EF の中点を，それぞれ S，T，U としたものです。正三角形 BDF と正三角形 STU が重なる部分に斜線がひかれています。次の問いに答えなさい。

①　線分 BF と線分 SU の交点を P とすると，点 P は線分 BF の中点であることを証明しなさい。

②　正六角形 ABCDEF の1辺の長さを求めなさい。

③　斜線部分の面積を求めなさい。

 3 右の図のように，1辺の長さが異なる2つの正方形があり，1つの頂点が重なっています。このとき，面積が，2つの正方形の面積の差に等しい正方形を作図しなさい。ただし，三角定規の角を利用して直線をひくことはしないものとします。また，作図に用いた線は消さずに残しておくこと。　〈千葉県〉

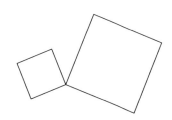

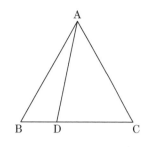

4 右の図で，△ABC は正三角形であり，D は辺 BC 上の点で，BD：DC＝1：2 です。AB＝6cm のとき，次の問いに答えなさい。

〈愛知県〉

(1) 線分 AD の長さは何 cm ですか。

(2) 線分 AD を折り目として平面 ABD と平面 ADC が垂直になるように折り曲げたとき，点 A，B，C，D を頂点としてできる立体の体積は何 cm³ ですか。

5 右の図 1 のように，線分 AB を直径とする半円 O の $\overset{\frown}{AB}$ 上に点 P をとります。また，線分 AP 上に AM：MP＝2：1 となる点 M をとり，線分 BM をひきます。AB＝6cm，∠ABP＝60° のとき，次の問いに答えなさい。

〈19 埼玉県〉

図1

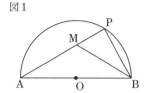

(1) 線分 PM の長さを求めなさい。

(2) 右の図 2 のように，線分 BM を延長し，$\overset{\frown}{AP}$ との交点を Q とします。また，線分 OP をひき，線分 BQ との交点を R とします。このとき，次の①，②に答えなさい。

図2

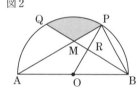

① 半円 O を，線分 BQ を折り目として折ったとき，点 P は点 O と重なります。その理由を説明しなさい。

② 図 2 のかげ（▨）をつけた部分の面積を求めなさい。ただし，円周率は π とします。

6 中心が A，B である 2 つの円を円 A，円 B とします。図のように，直線 ℓ が円 A，円 B と点 C で接しており，直線 m が円 A，円 B とそれぞれ点 D，点 E で接しています。2 直線 ℓ，m の交点を F とします。円 A の半径が 25，DE＝30 のとき，次の問いに答えなさい。

〈法政大国際高（神奈川）〉

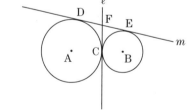

(1) 円 B の半径を求めなさい。

(2) 線分 BF の長さを求めなさい。

(3) △AFB の面積を求めなさい。

(4) 3 点 A，C，D を通る円の面積を求めなさい。

1 平面図形

2 空間図形

3 平行と合同

4 図形の性質

5 円

6 相似な図形

7 三平方の定理

7 右の図のように，AB＝9cm，BC＝8cm，CA＝7cm の △ABC があります。円 I は △ABC の 3 つの辺に接しており，円 O は △ABC の 3 つの頂点を通ります。また，円 E は 2 つの半直線 AB，AC と辺 BC にそれぞれ接しています。次の問いに答えなさい。

〈立教新座高(埼玉)〉

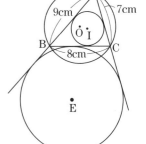

(1) △ABC の面積を求めなさい。

(2) 円 I の半径を求めなさい。

(3) 円 O の半径を求めなさい。

(4) 円 E の半径を求めなさい。

8 3 辺の長さが x，$x+1$，$2x-3$ である三角形があります。このとき，次の問いに答えなさい。

〈慶応義塾高(神奈川)〉

(1) 次の $\boxed{}$ をうめなさい。（答えのみでよい）

x のとりうる範囲を不等号を用いて表すと $\boxed{}$ である。

(2) この三角形が直角三角形になるとき，x の値を求めなさい。

9 次のことがらが正しければ証明し，正しくなければその理由を述べなさい。

〈大阪教育大附高[池田校舎]〉

「△ABC と △A′B′C′ において，
∠C＝∠C′＝90° かつ AB：AC＝A′B′：A′C′ ならば，
△ABC∽△A′B′C′」

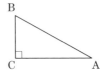

10 右の図のように，AE＝10cm，EF＝8cm，FG＝6cm の直方体 ABCD-EFGH があります。線分 EG と線分 FH の交点を P とし，線分 CE，CP の中点をそれぞれ M，N とします。このとき，次の問いに答えなさい。

〈新潟県〉

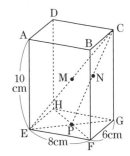

(1) 線分 EG と線分 EC の長さを，それぞれ求めなさい。

(2) 線分 MN の長さを求めなさい。

(3) △ENM の面積を求めなさい。

(4) 三角錐 BENM の体積を求めなさい。

11 右の図のような，1辺12cmの正四面体OABCがあります。辺BCの中点をMとします。このとき，次の問いに答えなさい。

〈福島県〉

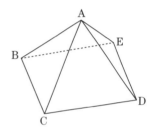

(1) 線分OMの長さを求めなさい。

(2) 辺OCの中点をDとし，辺OB上に線分AEと線分EDの長さの和が最も小さくなるように点Eをとります。また，線分AM上にAP：PM＝4：5となる点Pをとり，3点A，D，Eを通る平面と線分OPとの交点をQとします。

① 線分OMと線分DEとの交点をRとするとき，線分ORと線分RMの長さの比を求めなさい。

② 三角錐QPBCの体積を求めなさい。

12 右の図のように，すべての辺の長さが6の正四角錐Pがあります。また，辺AB，AD上にそれぞれAF＝AG＝3となる点F，Gをとります。さらに，3点C，F，Gを通る平面と辺AEとの交点をHとします。このとき，次の問いに答えなさい。

〈城北高(東京)〉

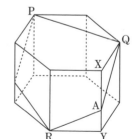

(1) 立体Pの体積を求めなさい。

(2) AHの長さを求めなさい。

(3) 立体Pを3点C，F，Gを通る平面で切断して2つの立体に分けるとき，点Aをふくむほうの立体の体積を求めなさい。

13 底面の1辺の長さが1，高さが1の正六角柱を考えます。ここで，図のように点P，Q，R，X，Yを定め，3点P，Q，Rを通る平面でこの正六角柱を切断し，2つの立体に分けます。切断面と辺XYとの交点をAとするとき，次の問いに答えなさい。

〈市川高(千葉)〉

(1) XA：AYを最も簡単な整数の比で表しなさい。

(2) 切断面の面積を求めなさい。

(3) 2つに分けた立体のうち，点Xをふくむ立体の体積を求めなさい。

1 平面図形

2 空間図形

3 平行と合同

4 図形の性質

5 円

6 相似な図形

7 三平方の定理

14 下の図1は，横の長さが $17\sqrt{5}$ cm の長方形の紙にぴったり入っている円錐 A の展開図であり，底面の中心とおうぎ形の中心を結ぶ直線は，円錐 A の展開図の対称の軸です。図2は，球 O に円錐 A がぴったり入っている様子を表した見取図であり，図3は，円錐 A に球 O′ がぴったり入っている様子を表した見取図です。図4は，図2と図3を合わせたものです。

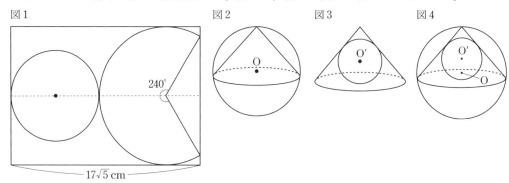

図1　　　　　　　　　　　　　　　　図2　　　　　　図3　　　　　　図4

240°

$17\sqrt{5}$ cm

このとき，次の問いに答えなさい。〈国立高専〉

(1) 円錐 A の底面の半径は何 cm ですか。

(2) 円錐 A の高さは何 cm ですか。

(3) 球 O の半径は何 cm ですか。

(4) 円錐 A の体積を V，球 O′ の体積を W とするとき，$V:W$ を最も簡単な自然数の比で表しなさい。

(5) 球 O の中心と球 O′ の中心間の距離は何 cm ですか。

15 点 O を中心とする球面上に 4 点 A，B，C，D があり，△ABC と △BCD は 1 辺が 6cm の正三角形，$AD=3\sqrt{6}$ cm です。このとき，次の問いに答えなさい。〈筑波大附高（東京）〉

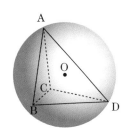

(1) 四面体 ABCD の体積は何 cm³ ですか。

(2) 球 O の半径は何 cm ですか。

(3) 3 点 O，C，D を通る平面で四面体 ABCD を切断して 2 つの立体に分けたとき，小さいほうの立体の体積は何 cm³ ですか。

データの
活用編

資料の整理

STEP01 要点まとめ　→ 解答は別冊094ページ

00 　にあてはまる数や語句，グラフをかいて，この章の内容を確認しよう。

最重要ポイント

度数分布表……………資料をいくつかの階級に分け，階級ごとにその度数を示した表。
ヒストグラム…………度数の分布のようすを表した柱状のグラフ。
中央値(メジアン)……資料を大きさの順に並べたとき，中央にくる値。
最頻値(モード)………資料の中で最も多く出てくる値。
四分位数………………データを大きさの順に並べたとき，全体を4等分する位置の値。

1 資料の整理

●度数分布表とヒストグラム

1 右の表は，ある中学校の男子生徒30人のハンドボール投げの記録を調べ，度数分布表に整理したものです。　　にあてはまる数を書き，度数分布表をヒストグラムに表しなさい。

▶▶▶ 階級，階級の幅，度数，階級値の意味を理解する。

階級(m)	度数(人)
以上　未満	
5 ～ 10	2
10 ～ 15	4
15 ～ 20	7
20 ～ 25	8
25 ～ 30	6
30 ～ 35	3
合計	30

度数分布表の階級の幅は，01　　　　←階級…資料を整理するための区間。
　　　　　　　　　　　　　　　　　階級の幅…区間の幅。

↓度数…それぞれの階級に入っている資料の個数。
度数が最も多い階級は02　　m 以上03　　m 未満の階級で，

この階級の階級値は，$\dfrac{04+05}{2}$＝06　　　　(m)

↑階級値
　…階級のまん中の値。

25m 以上 30m 未満の階級の相対度数は，$\dfrac{07}{08}$＝09

> **POINT** 相対度数
> (相対度数)＝$\dfrac{(その階級の度数)}{(度数の合計)}$

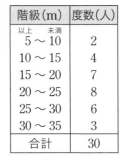

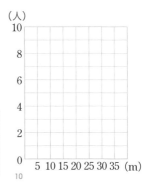

●累積度数

2 右の表は，ある中学校の女子生徒 25 人の 50m 走の記録を調べ，度数分布表に整理したものです。ア〜エにあてはまる数を書きなさい。

▶▶▶最初の階級から，その階級までの度数を合計した値を累積度数という。

階級（秒）	度数（人）	累積度数（人）	累積相対度数
以上　　未満 7.5 〜 8.0	3	3	0.12
8.0 〜 8.5	5	8	**ウ**
8.5 〜 9.0	9	**ア**	0.68
9.0 〜 9.5	6	**イ**	**エ**
9.5 〜 10.0	2	25	1.00
合計	25		

累積度数の**ア**，**イ**にあてはまる数は，

ア…11　　　　，**イ**…12

累積相対度数の**ウ**，**エ**にあてはまる数は，**ウ**…13　　　　，**エ**…14

●代表値

3 右の資料は，生徒 10 人の漢字テスト（10 点満点）の得点です。平均値，中央値，最頻値を求めなさい。

6 5 7 8 4
7 9 3 6 7

▶▶▶資料を大きさの順に並べて，

中央値➡中央にくる値。

最頻値➡最も多く出てくる値。

平均値は，$\dfrac{6+5+7+8+4+7+9+3+6+7}{10}=\dfrac{15}{10}=16$（点）◀平均値は，個々の資料の値の合計を資料の個数でわった値。

資料を小さい順に並べると，17

中央値は，$\dfrac{18+19}{2}=20$（点）◀資料の個数が偶数のとき，中央値は，中央に並ぶ 2 つの数値の平均値。

最頻値は，最も多く出てくる値だから，21　　（点）

●四分位数と箱ひげ図

4 右の資料は，生徒 11 人の数学テスト（20 点満点）の得点を小さい順に並べたものです。　　にあてはまる数を書き，この資料の箱ひげ図をかきなさい。

4 7 8 10 12 12 14 14 15 16 19

第 1 四分位数は 22　点，第 2 四分位数は 23　　点，第 3 四分位数は 24　　点。

四分位範囲は，

↑（四分位範囲）＝（第 3 四分位数）−（第 1 四分位数）

25　−26　＝27　（点）

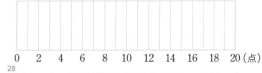

28

149

学習内容が身についたか，問題を解いてチェックしよう。

---

1 右の資料は，ある中学校の男子14人の50m走の記録を示したものです。次の問いに答えなさい。

資料 　　　　　　　　　　　　　（単位 秒）

7.2	8.9	9.4	7.1	7.5	6.7	7.4
8.6	8.9	7.8	7.2	9.6	10.1	8.0

〈福島県〉

(1) 資料の男子14人の記録を，右の度数分布表に整理したとき，7.0秒以上8.0秒未満の階級の度数を求めなさい。

(2) 資料の男子14人の記録に女子16人の記録を追加して，合計30人の記録を整理したところ，9.0秒以上10.0秒未満の階級の相対度数が0.3でした。この階級に入っている女子の人数を求めなさい。ただし，この階級の相対度数0.3は正確な値であり，四捨五入などはされていないものとします。

記録(秒)	度数(人)
以上　　未満	
6.0 ～ 7.0	
7.0 ～ 8.0	
8.0 ～ 9.0	
9.0 ～ 10.0	
10.0 ～ 11.0	
合計	14

ヒント

→ **1**(2)

相対度数＝ その階級の度数 / 度数の合計

9.0秒以上10.0秒未満の階級の男子の人数を a 人，女子の人数を b 人とすると，$0.3 = \dfrac{a+b}{30}$

---

2 右の表は，ある中学校の生徒50人の通学時間を調べ，度数分布表に整理したものです。次の問いに答えなさい。

通学時間(分)	度数(人)	相対度数	累積度数(人)	累積相対度数
以上　　未満				
0 ～ 5	4	0.08	4	0.08
5 ～ 10	8			
10 ～ 15	9	ア	ウ	オ
15 ～ 20	13			
20 ～ 25	11	イ	エ	カ
25 ～ 30	5		50	1.00
合計	50	1.00		

(1) 相対度数の**ア**，**イ**にあてはまる数を書きなさい。

(2) 累積度数の**ウ**，**エ**にあてはまる数を書きなさい。

(3) 累積相対度数の**オ**，**カ**にあてはまる数を書きなさい。

(4) 累積度数折れ線をかきなさい。

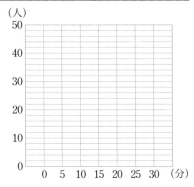

確認

→ **2**(2)(3)(4)

累積度数

度数分布表で，最初の階級から，その階級までの度数を合計した値。

累積相対度数

最初の階級から，その階級までの相対度数を合計した値。

累積度数折れ線

累積度数分布表をもとに，累積度数を折れ線で表したグラフ。

ミス注意

→ **2**(4)

累積度数折れ線のかき方

累積度数折れ線は，累積度数を表したヒストグラムの各長方形の右上の頂点を順に結んだものである。

度数折れ線のように，各長方形の上の辺の中点を結ばないように注意する。

---

3 ある中学校の1年生120人の50m走の記録を調べ，7.4秒以上7.8秒未満の階級の相対度数を求めたところ0.15でした。7.4秒以上7.8秒未満の人数は何人か，求めなさい。

〈愛知県〉

4 ある中学校で読書週間中に，それぞれの生徒が読んだ本の冊数を調べました。右の図は，1年1組の結果をヒストグラムに表したものです。ただし，1年1組の生徒で読んだ本が8冊以上の生徒はいません。次の問いに答えなさい。〈岐阜県〉

（人）

(1) 1年1組の生徒の総数は何人であるか求めなさい。

(2) 1年1組のそれぞれの生徒が読んだ本の中央値を求めなさい。

(3) この中学校の生徒の総数は200人です。この中学校の生徒で読んだ本が3冊以上の生徒の相対度数と1年1組の生徒で読んだ本の冊数が3冊以上の生徒の相対度数は，同じ値でした。この中学校の生徒で読んだ本が3冊以上の生徒は何人であるか求めなさい。

5 ある中学校の3年1組の生徒32人について，2学期に保健室を利用した回数を調べました。右の表は，その結果をまとめたものです。次の問いに答えなさい。〈静岡県〉

回数(回)	人数(人)
0	8
1	11
2	7
3	2
4	3
5	1
計	32

(1) 利用した回数が1回以上の人は，全体の何％か，答えなさい。

(2) 次のア～オの中から，表からわかることについて正しく述べたものをすべて選び，記号で答えなさい。

　ア　利用した回数の範囲は，6回である。
　イ　利用した回数の平均値は，1.5回である。
　ウ　利用した回数の最頻値は，5回である。
　エ　利用した回数の中央値は，2.5回である。
　オ　利用した回数の最小値は，0回である。

6 下のデータは，ある中学校の女子生徒13人の握力を調べたものです。次の問いに答えなさい。

23　28　15　27　30　37　25　18　33　27　14　36　22　（単位 kg）

(1) 下の表を完成させなさい。

最小値	第1四分位数	第2四分位数	第3四分位数	最大値

(2) 四分位範囲を求めなさい。

(3) 箱ひげ図をかきなさい。

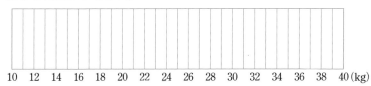

10　12　14　16　18　20　22　24　26　28　30　32　34　36　38　40 (kg)

確認

➡ 4(2)
資料の個数と中央値の決め方
●資料の個数が奇数のとき，中央値は，中央の位置にくる値。
●資料の個数が偶数のとき，中央値は，中央に並ぶ2つの数値の平均値。

確認

➡ 5(2)
平均値の求め方
$$(平均値) = \frac{\{(回数)×(人数)\}の合計}{(人数の合計)}$$

確認

➡ 6(1)
四分位数の求め方
①データを小さい順に並べ，中央値(第2四分位数)を求める。
②並べたデータを半分に分ける。ただし，データの個数が奇数のときは，中央値を除いて2つに分ける。
③小さいほうの半分のデータの中央値を第1四分位数，大きいほうの半分のデータの中央値を第3四分位数とする。

入試レベルの問題で力をつけよう。

1 ある中学校では，生徒の通学時間を調査しています。右の表は，3年1組の生徒全員の通学時間を調査した結果を，度数分布表に整理したものです。また，右の資料は，3年2組の生徒全員の通学時間を調査した結果を，通学時間の短い順に並べたものです。次の問いに答えなさい。

表 3年1組の生徒の通学時間

通学時間(分)	度数(人)
以上　　未満	
0 ～ 6	5
6 ～ 12	11
12 ～ 18	6
18 ～ 24	5
24 ～ 30	2
計	29

資料 3年2組の生徒の通学時間(分)

3,	4,	5,	6,	7,	8,	9,	9,
10,	10,	11,	12,	12,	13,	13,	13,
14,	15,	15,	16,	16,	18,	19,	20,
20,	21,	22,	22,	25,	27		

〈京都府〉

(1) 表について，中央値が含まれる階級の階級値を求めなさい。

(2) 右の図は，3年2組の生徒全員の通学時間をヒストグラムに表したものの一部であり，0分以上6分未満の階級と6分以上12分未満の階級までかいてあります。残りの階級について，図に必要な線をかき入れて，ヒストグラムを完成させなさい。

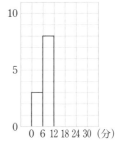

(3) 表および資料から必ずいえるものを，次の**ア～オ**からすべて選びなさい。

ア 通学時間が18分未満の生徒の人数は，3年1組のほうが3年2組より1人少ない。

イ 通学時間が24分以上の生徒の，学級全体の生徒に対する割合は，3年1組のほうが3年2組より大きい。

ウ 3年1組の通学時間が6分以上18分未満の生徒の人数と，3年2組の通学時間が12分以上24分未満の生徒の人数は等しい。

エ 3年1組と3年2組を合わせた生徒59人のうち，通学時間が最も短い生徒は，通学時間が3分の生徒である。

オ 3年1組と3年2組を合わせた生徒59人の通学時間を長い順に並べたとき，値の大きいほうから数えて16番目の通学時間は18分である。

2 右の資料は，クラスの生徒10名があるゲームを行ったときの得点を示したものです。次の問いに答えなさい。

3, 5, 2, 7, 6, 5, 4, 4, 9, a	

〈専修大附高(東京)〉

(1) 平均値が4.9点であるとき，a の値を求めなさい。

(2) a が(1)で求めた値のとき，中央値を求めなさい。

3 生徒5人にテストを行ったところ，得点が右のようになりました。5人の得点を再度点検すると，1人の得点が誤りであることがわか

72, 84, 81, 70, 68

りました。そこで，その生徒の得点を訂正したところ，5人の得点の平均値は74点，中央値は70点になりました。誤っていた得点と訂正後の正しい得点をそれぞれ書きなさい。ただし，平均値は四捨五入などはされていないものとします。

〈鹿児島県・一部〉

4 右の表は，A中学校のバスケットボール部員2, 3年生24人の握力について調査し，まとめたものです。次の問いに答えなさい。　　　　　　　（北海道）

階級(kg)	階級値(kg)	度数(人)	(階級値)×(度数)
以上　未満 10 ～ 20	15	3	
20 ～ 30	25	**ア**	
30 ～ 40	35	**イ**	
40 ～ 50	45	2	
50 ～ 60	55	1	
合計		24	720

(1) 表から，24人の握力の平均値を求めなさい。

難問

(2) 表の　**ア**　，　**イ**　にあてはまる数を，それぞれ書きなさい。

思考力

(3) 後日，1年生6人の握力を調査し，表に加えたところ，6人の握力は同じ階級に入り，表から求めた30人の握力の平均値は29kgでした。1年生6人の握力が入った階級を，次のように求めるとき，下の解答の続きを書き入れて，解答を完成させなさい。

（解答）　30人の握力の平均値が29kgであることから，30人の(階級値)×(度数)の合計は，

5 右のグラフは，ある中学校の男子生徒の50m走の記録を調べ，累積度数折れ線に表したものです。次の問いに答えなさい。

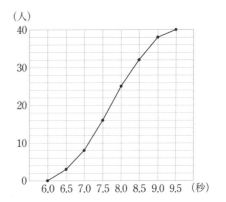

(1) 記録が7.5秒未満の生徒は何人ですか。

(2) 記録が8.0秒以上の生徒の人数は全体の何％ですか。小数第1位を四捨五入して，一の位まで答えなさい。

(3) 記録が8.5秒の生徒は，記録が速いほうから何番目から何番目の間にいますか。

(4) 記録の速いほうから90％の生徒が含まれているのは，何秒以上何秒未満の階級ですか。

(5) 度数が最も大きい階級の階級値を求めなさい。

6 右の図は，あるクラス40人のハンドボール投げの記録を，ヒストグラムに表したものです。このヒストグラムでは，例えば，5～9の階級では，ハンドボール投げの記録が5m以上9m未満の人数が3人であったことを表しています。また，ハンドボール投げの記録の中央値は18mでした。次の問いに答えなさい。ただし，記録の値はすべて自然数です。

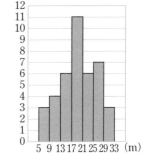

(1) ハンドボール投げの記録の最頻値を求めなさい。

(2) ハンドボール投げの記録で，25m以上投げた人数の相対度数を求めなさい。

思考力

(3) ハンドボール投げの記録を小さいほうから順に並べたとき，20番目の値を a，21番目の値を b とします。このヒストグラムから考えられる a，b の値の組は2つあります。その2つの組を求めなさい。

(4) ハンドボール投げの記録の平均値を求めなさい。

7 右の表は，ある部活動の1年生7人，2年生8人のハンドボール投げの記録です。1年生の記録の中央値と2年生の記録の中央値が等しいとき，xの値を求めなさい。〈島根県〉

ハンドボール投げの記録(m)

| 1年生 | 16 | 20 | 15 | 9 | 11 | 18 | 10 | ✕ |
| 2年生 | 17 | 13 | 20 | 22 | x | 12 | 14 | 10 |

8 右の表は，生徒100人の通学時間を度数分布表に表したものです。$a:b=4:3$であるとき，中央値が含まれる階級の相対度数を求めなさい。〈徳島県〉

階級(分) 以上 未満	度数(人)
0 ～ 10	23
10 ～ 20	a
20 ～ 30	b
30 ～ 40	15
40 ～ 50	6
計	100

9 右の図は，A中学校の1年生25人，B中学校の1年生40人について，最近1か月間に学校の図書館から借りた本の冊数を調べ，その結果をヒストグラムに表したものです。例えば，A中学校のヒストグラムから，借りた本の冊数が8冊以上12冊未満の人は5人いたことがわかります。2つのヒストグラムについて述べた文として，適切でないものを，次の①～④の中から1つ選び，その番号を書きなさい。〈青森県〉

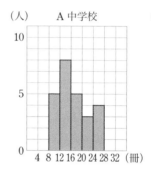
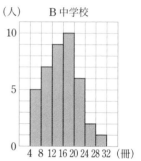

① 借りた本の冊数が12冊以上16冊未満の階級の相対度数は，A中学校よりもB中学校のほうが小さい。

② 借りた本の冊数の分布の範囲は，A中学校よりもB中学校のほうが大きい。

③ 借りた本の冊数の最頻値は，A中学校よりもB中学校のほうが大きい。

④ 借りた本の冊数の中央値を含む階級の階級値は，A中学校よりもB中学校のほうが大きい。

10 あるクラスの生徒40人に10点満点のテストを行ったところ，得点の最頻値が8点，中央値が8.5点，平均値が8.4点でした。次のア～エの中から，このテストの得点の分布を表したヒストグラムとして最も適切なものを1つ選び，その記号を書きなさい。〈埼玉県〉

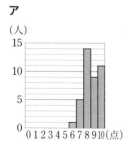
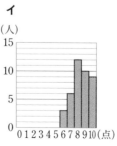
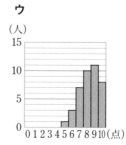
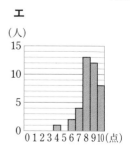

思考力 **11** 右の度数分布表は，17人があるゲームを行ったときの得点の記録をまとめたものです。得点の中央値が2点であるとき，**ア**，**イ**にあてはまる数の組は何組ありますか，求めなさい。　〈秋田県〉

階級(点)	度数(人)
0	3
1	4
2	**ア**
3	**イ**
4	4
5	2
合計	17

12 K高校の体育祭では，全校生徒を東軍と西軍の2つの軍に分けて応援合戦が行われます。応援合戦の得点は，5人の審判がそれぞれ10点満点(整数)で採点し，最高点と最低点をつけた2人の点数を除いた3人の点数の平均点です。例えば，5人の審判の点数が，点数の低いものから順に5，5，6，7，9であったとき，その軍の得点は$\frac{5+6+7}{3}=6$(点)となります。

右の表は，東軍と西軍に対する5人の審判A，B，C，D，Eの採点の結果です。審判Aは東軍と西軍に同じ点数a点をつけ，点数aは東軍の点数の中央値でした。東軍と西軍の応援合戦が引き分けとなるとき，aの値を求めなさい。　〈都立国立高〉

	審判A	審判B	審判C	審判D	審判E
東軍	a	5	8	9	5
西軍	a	5	7	7	7

難問 **13** 点数が0以上10以下の整数であるテストを7人の生徒が受験しました。得点の代表値を調べたところ，平均値は7であり，中央値は最頻値より1大きく，得点の最小値と最頻値の差は3でした。最頻値は1つのみとするとき，7人の得点を左から小さい順に書き並べなさい。　〈慶應義塾高(神奈川)〉

14 下の①〜④のヒストグラムは，右の㋐〜㋑の箱ひげ図のいずれかを表しています。①〜④のそれぞれのヒストグラムに対応する箱ひげ図を選び，その記号を答えなさい。

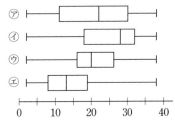

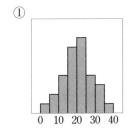
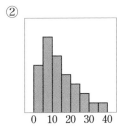
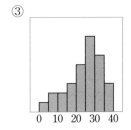
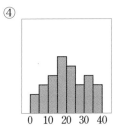

新傾向 **15** 右の箱ひげ図は，9人の生徒の小テストの得点から作成したものです。得点の低いほうから3番目，5番目，7番目の生徒の得点を求めなさい。ただし，得点は整数とします。

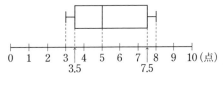

確　率

STEP01 要点まとめ → 解答は別冊098ページ

〔00〕 にあてはまる数や語句を書いて，この章の内容を確認しよう。

最重要ポイント

確率の求め方………(確率)＝ $\dfrac{(あることがらの起こる場合の数)}{(すべての起こりうる場合の数)}$

起こらない確率………(A の起こらない確率)＝1－(A の起こる確率)

さいころの目の出方，玉やカードの取り出し方は，どれも同様に確からしいとする。

1 　確　率

● さいころの確率

1 1 つのさいころを投げるとき，6 以下の目が出る確率を求めなさい。また，7 以上の目が出る確率を求めなさい。

▶▶▶必ず起こることがらの確率は 1，決して起こらないことがらの確率は 0 である。

さいころの目の出方は，全部で〔01〕　　通り。

6 以下の目が出る場合は〔02〕　　通りだから，

6 以下の目が出る確率は，〔03〕

7 以上の目が出る場合は〔04〕　　通りだから，

7 以上の目が出る確率は，〔05〕

> **POINT　確率の性質**
> 確率 p の値の範囲は，$0 \leqq p \leqq 1$

2 大小 2 つのさいころを同時に投げるとき，出る目の数の和が 9 になる確率を求めなさい。

▶▶▶2 つのさいころの目の出方を表にまとめる。

右の表より，2 つのさいころの目の出方は，全部で〔06〕　　通り。

目の数の和が 9 になるのは〔07〕　　通り。

よって，求める確率は，$\dfrac{\text{〔08〕}}{36}=$ 〔09〕

●──⚠注意
約分できるときは約分する。

大\小	1	2	3	4	5	6
1	2	3	4	5	6	7
2	3	4	5	6	7	8
3	4	5	6	7	8	9
4	5	6	7	8	9	10
5	6	7	8	9	10	11
6	7	8	9	10	11	12

3 大小 2 つのさいころを同時に投げるとき，出る目の数の和が 9 以下になる確率を求めなさい。

▶▶▶(和が 9 以下になる確率)＝1－(和が 10 以上になる確率)

目の数の和が 10 以上になるのは ₁₀[　　] 通り。←和が 10，11，12 になる場合の数。

目の数の和が 10 以上になる確率は，$\dfrac{11[\ \ ]}{36}=$ ₁₂[　　]

よって，目の数の和が 9 以下になる確率は，1－ ₁₃[　　] ＝ ₁₄[　　]

● 色玉を取り出すときの確率

4 袋の中に，赤玉が 3 個，青玉が 2 個入っています。この袋の中から同時に 2 個の玉を取り出すとき，赤玉を 1 個，青玉を 1 個取り出す確率を求めなさい。

▶▶▶同じ色の玉を①，②，③と区別して，樹形図に表す。

赤玉を ❶，❷，❸，青玉を ①，② とし，
2 個の玉の取り出し方を樹形図に表す
と，右のようになる。

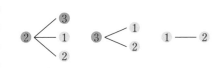

2 個の玉の取り出し方は全部で ₁₅[　　] 通り。
赤玉を 1 個，青玉を 1 個取り出す取り出し方は ₁₆[　　] 通り。

よって，求める確率は，$\dfrac{17[\ \ ]}{10}=$ ₁₈[　　]

> **!注意**
> ❶と②を選ぶことと，
> ②と❶を選ぶことは
> 同じ選び方である。
> 重複して数えないようにする。

● カードをひくときの確率

5 1，2，3，4 の 4 枚のカードから 1 枚ずつ 2 回続けてひき，1 回目にひいたカードの数字を十の位，2 回目にひいたカードの数字を一の位として，2 けたの整数をつくります。できた整数が 3 の倍数になる確率を求めなさい。

▶▶▶十の位の数字は 4 通り，一の位の数字は残りの 3 通り。

2 回のカードのひき方を樹形図
に表すと，右のようになる。

十の位	一の位	十の位	一の位	十の位	一の位	十の位	一の位
1	2	2	1	3	1	4	1
	3		3		2		2
	4		4		4		3

2 枚のカードのひき方は，全部で ₁₉[　　] 通り。
3 の倍数は， ₂₀[　　] の ₂₁[　　] 通り。

↑2 けたの 3 の倍数。

> **!注意**
> 1 回目に 1，2 回目に 2 をひくことと，
> 1 回目に 2，2 回目に 1 をひくことは
> 異なるひき方だから，区別する。

よって，求める確率は，$\dfrac{22[\ \ ]}{12}=$ ₂₃[　　]

学習内容が身についたか,問題を解いてチェックしよう。

さいころの目の出方,玉やカードの取り出し方,硬貨やコインの表裏の出方など,どれも同様に確からしいとする。

1 次の問いに答えなさい。

(1) 3枚の硬貨を同時に投げるとき,少なくとも1枚は表が出る確率を求めなさい。〈京都府〉

(2) 4枚の硬貨を同時に投げたとき,表と裏が2枚ずつ出る確率を求めなさい。〈群馬県〉

2 大小2つのさいころを同時に投げるとき,次の確率を求めなさい。

(1) 目の数の和が8になる確率 〈徳島県〉

(2) 目の数の和が素数となる確率 〈千葉県〉

(3) 目の数の積が5の倍数になる確率 〈石川県〉

(4) 目の数の積が偶数になる確率 〈長崎県〉

3 次の問いに答えなさい。

(1) 白玉3個,赤玉2個が入っている袋があります。この袋から1個ずつ2回,玉を取り出すとき,1回目と2回目に取り出した玉の色が同じである確率を求めなさい。ただし,取り出した玉はもとにもどさないものとします。〈新潟県〉

(2) 袋の中に,赤球3個,青球1個,白球1個が入っています。この袋の中から球を同時に2個取り出したとき,取り出した球に白球が含まれる確率を求めなさい。〈山梨県〉

(3) 袋の中に,赤玉3個,白玉2個が入っています。袋から玉を1個取り出し,それを袋にもどして,また1個取り出すとき,少なくとも1回は赤玉が出る確率を求めなさい。〈茨城県〉

確認

→ **1**(1)
起こらない確率
(少なくとも1枚は表が出る確率)
=1-(3枚とも裏が出る確率)

ヒント

→ **2**(1)(2)
2つのさいころの目の数の和

大\小	1	2	3	4	5	6
1	2	3	4	5	6	7
2	3	4	5	6	7	8
3	4	5	6	7	8	9
4	5	6	7	8	9	10
5	6	7	8	9	10	11
6	7	8	9	10	11	12

→ **2**(3)(4)
2つのさいころの目の数の積

大\小	1	2	3	4	5	6
1	1	2	3	4	5	6
2	2	4	6	8	10	12
3	3	6	9	12	15	18
4	4	8	12	16	20	24
5	5	10	15	20	25	30
6	6	12	18	24	30	36

ミス注意

→ **3**(2)
(①,②)と(②,①)は同じ
同時に2個の球を取り出すから,①と②を選ぶことと,②と①を選ぶことは同じである。重複して数えないようにすること。

4 右の図のような，0，1，2，3，4の数字が1つず
つ書かれた5枚のカードがあります。この5枚の
カードをよくきって，同時に2枚のカードを取り出すとき，取り出し
たカードに書かれてある数の和が3の倍数になる確率を求めなさい。

〈長野県〉

5 右の図のように，2，4，6，8の数字を1つずつ書 ② ④ ⑥ ⑧
いた4個のボールがあります。この4個のボールを
袋に入れ，袋の中から，2個のボールを1個ずつ，もとにもどさずに
取り出します。1個目のボールの数字を十の位，2個目のボールの数
字を一の位として，2けたの整数をつくるとき，この整数が4の倍数
である確率を求めなさい。

〈北海道〉

ヒント

→ 5
2個のボールの取り出し方
1個目のボールの取り出
し方は2, 4, 6, 8の4
通りあり，2個目のボール
の取り出し方は，1個
目に取り出したボールを
除く3通り。

6 男子4人と女子2人の中から，くじで2人を選ぶとき，次の**ア**〜**ウ**の
うち最も大きいものを選び，その記号を書きなさい。また，その確率
を求めなさい。

〈奈良県〉

ア 2人とも男子が選ばれる確率
イ 男子と女子が1人ずつ選ばれる確率
ウ 2人とも女子が選ばれる確率

ヒント

→ 6
2人の選び方
男子4人をA, B, C, D，
女子2人をE, Fと区別
して，2人の選び方を樹
形図に表す。

7 数直線上に点Pがありま
す。1つのさいころを投げ
て，右のルールにしたがっ
て点Pを移動させます。
最初，点Pは原点にある
として，次の確率を求めな
さい。

《ルール》
1，3，5の目が出たら，出た目の数
だけ正の方向に点Pを移動させる。
2，4，6の目が出たら，出た目の数
だけ負の方向に点Pを移動させる。

〈沖縄県〉

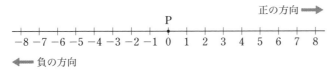

(1) さいころを1回投げるとき，点Pが3の位置にある確率を求めなさ
い。

(2) さいころを2回投げるとき，次の問いに答えなさい。例えば，1回目
で3の目が出て，2回目で4の目が出ると，点Pは −1 の位置にあり
ます。

① 点Pが2の位置にある確率を求めなさい。
② 点Pが，原点から点Pまでの距離が3より小さい位置にある確
率を求めなさい。

ヒント

→ 7 (2)②
距離が3より小さい点
原点までの距離が3より
小さい点のうち，整数で
あるものは，
−2，−1，0，1，2

入試レベルの問題で力をつけよう。

さいころの目の出方, 玉やカードの取り出し方, 硬貨やコインの表裏の出方など, どれも同様に確からしいとする。

1 次の問いに答えなさい。

(1) 500円, 100円, 50円, 10円の硬貨が1枚ずつあります。この4枚の硬貨を同時に投げるとき, 表が出た硬貨の合計金額が, 600円以上になる確率を求めなさい。 〈徳島県〉

(2) 1つのさいころを2回投げます。1回目に出た目の数を十の位, 2回目に出た目の数を一の位の数とする2けたの整数をつくるとき, その整数が7の倍数となる確率を求めなさい。 〈鹿児島県〉

(3) 大小2つのさいころを同時に投げ, 大きいさいころの出た目の数を a, 小さいさいころの出た目の数を b とします。a と b の積 ab の約数の個数が3個以上となる確率を求めなさい。

〈18 埼玉県〉

(4) 袋の中に, 赤玉が1個, 青玉が2個, 白玉が3個入っています。この袋の中から, 同時に2個の玉を取り出すとき, 少なくとも1個は白玉である確率を求めなさい。 〈16 埼玉県〉

(5) 2つの箱 A, B があります。箱 A には偶数の書いてある3枚のカード②, ④, ⑥が入っており, 箱 B には奇数の書いてある5枚のカード①, ③, ⑤, ⑦, ⑨が入っています。A, B それぞれの箱から同時にカードを1枚ずつ取り出し, 取り出した2枚のカードに書いてある数のうち大きいほうの数を a とするとき, a が3の倍数である確率を求めなさい。 〈大阪府〉

(6) 右の図のように, 1, 2, 3, 4, 5の数字を1つずつ書いた5枚のカードがあります。この5枚のカードの中から同時に3枚のカードを取り出すとき, 取り出した3枚のカードに書いてある数の積が3の倍数になる確率を求めなさい。 〈19 東京都〉

① ② ③ ④ ⑤

2 右の図のように, 数直線上の原点に点 P があります。1枚のコインを4回投げ, 次の規則にしたがって, 点 P を数直線上で移動させる。

```
              P
 -4 -3 -2 -1  0  1  2  3  4
```

【規則】 1枚のコインを1回投げるごとに, 表が出たら正の方向に1だけ, 裏が出たら負の方向に1だけ移動させる。

このとき, 点 P が一度も負の数を表す点に移動することなく, 2を表す点にある確率を求めなさい。

〈東京学芸大附高(東京)〉

3 右の図のような、9つのマスにそれぞれ1から9までの数字が順に書かれたカードと1個のさいころを使って、次のルールでゲームを行います。次の問いに答えなさい。　　　〈群馬県〉

BINGO!

1	2	3
4	5	6
7	8	9

《ルール》　さいころを投げて、1の目が出たら、素数が書かれているマスをすべて塗りつぶす。2以上の目が出たら、出た目の倍数が書かれているマスをすべて塗りつぶす。縦、横、斜めのいずれかが3マスとも塗りつぶされたときに、「ビンゴ」とする。

(1) さいころを1回投げたとき、どの目が出ても塗りつぶされることのないマスはありますか。あればそのマスの数字をすべて答え、なければ「ない」と答えなさい。

(2) さいころを1回投げたとき、「ビンゴ」となる確率を求めなさい。

(3) さいころを2回投げたとき、1回目に投げたところでは「ビンゴ」とならず、2回目に投げたところで「ビンゴ」となる確率を求めなさい。ただし、1回目に塗りつぶしたマスは、そのままにしておくものとします。

4 右の図のように、3つの箱A, B, Cがあり、箱Aには6, 7の数字が1つずつ書かれた2枚のカードが、箱Bには+, -の記号が1つずつ書かれた2枚のカードが入っていて、箱Cにはまだカードが1枚も入っていません。ここで、3, 4, 5の数字が1つずつ書かれた3枚のカードから1枚のカードを選んで箱Aに入れ、残りの2枚のカードを箱Cに入れます。カードを入れた後、箱A、箱B、箱Cの順にそれぞれの箱から1枚ずつカードを取り出し、取り出した順に左から並べて式を作り、計算します。次の問いに答えなさい。　　　〈熊本県〉

箱A　　箱B　　箱C

| 6 | 7 |　| + | - |　| | |

(1) 箱Aに、5の数字が書かれたカードを選んで入れたとき、計算の結果が素数になる確率を求めなさい。

思考力 (2) 次のア、イにあてはまる数を入れて、文を完成しなさい。

計算の結果が正の奇数になる確率は、箱Aに　ア　の数字が書かれたカードを選んで入れたときに最も高くなり、その確率は　イ　である。

5 右の図のように、∠ABC=90°である直角二等辺三角形ABCと長方形ADEBがあります。辺BEの中点をFとすると、AB=BFです。また、文字を書いた5枚のカード、B, C, D, E, Fが袋の中に入っています。この袋の中から2枚のカードを同時に取り出します。このとき、それらのカードと同じ文字の点と点Aの3点を頂点とする三角形が、直角三角形になる確率を求めなさい。　　　〈広島県〉

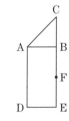

6 円Oの周上に等間隔に60個の点があり、それらの点のうち1つをAとします。点Pは点Aを出発点として、円Oの周上の60個の点を時計回りに移動します。1から6までの目の出る大中小1つずつの3つのさいころを同時に1回投げるとき、出た目の数の積をnとします。点Pが時計回りにn個進むとき、点Aの位置にある確率を求めなさい。

〈都立戸山高〉

標本調査

 STEP01 要点まとめ ➡ 解答は別冊103ページ

00 □ にあてはまる数や語句を書いて,この章の内容を確認しよう。

1 標本調査

1 次の □ にあてはまる用語を書きなさい。

▶▶▶調査のしかたについての用語の意味を理解する。

学校での身体測定のように,調査の対象となっている集団全部について調査することを 01 □ という。世論調査のように,集団の一部を調査して,集団全体の傾向を推測する調査を 02 □ という。

標本調査において,調査の対象となる集団全体を 03 □ という。また,集団全体の一部を取り出して実際に調べたものを 04 □ といい,取り出した資料の個数を 05 □ という。

2 ある工場で作られた製品から 200 個を無作為に抽出して調べたら,その中に不良品が 5 個含まれていました。この工場で作られた 3000 個の製品には,およそ何個の不良品が含まれていると考えられるか求めなさい。

▶▶▶標本における不良品の割合と母集団における不良品の割合はほぼ等しい。

200 個の製品における不良品の割合は,$\dfrac{06□}{07□}$ = 08 □ ←無作為に抽出した 200 個の製品を標本とする。

3000 個の製品に含まれる不良品の個数は,およそ,$3000 \times$ 09 □ = 10 □ (個)

3 袋の中に 30 個の青玉とたくさんの白玉が入っています。この袋の中から 50 個の玉を無作為に抽出して調べたら,青玉が 4 個でした。この袋に入っている白玉はおよそ何個あると考えられますか。四捨五入して十の位までの数で求めなさい。

▶▶▶標本における青玉と白玉の割合と母集団における青玉と白玉の割合はほぼ等しい。

50 個の玉における青玉と白玉の個数の割合は,$4 : ($ 11 □ $-4) = 2 :$ 12 □

↑白玉の個数。

袋の中の白玉の個数を x 個とすると, 13 □ $: x = 2 :$ 14 □

これを解くと, 15 □ $= 2x$, $x =$ 16 □ ← $a : b = c : d$ ならば $ad = bc$

よって,白玉の個数は,およそ 17 □ 個。←一の位を四捨五入する。

STEP02 基本問題 → 解答は別冊103ページ

学習内容が身についたか，問題を解いてチェックしよう。

1 次の調査は，全数調査，標本調査のどちらが適切ですか。
(1) 学校の健康診断
(2) テレビの視聴率調査
(3) タイヤの耐久検査
(4) 国勢調査

ヒント
→ **1**(4)
国勢調査
国勢調査は，すべての世帯について調査を行う。

よく出る
2 ある中学校で生徒がお気に入りのテレビ番組を調べることを標本調査で行うことになりました。標本として50人抽出するとき，抽出の方法として適切なものを，ア〜エの中から1つ選び記号で答えなさい。
　ア　1日に2時間以上テレビを見る人の中から無作為に選ぶ。
　イ　女子の中から無作為に選ぶ。
　ウ　運動部の部員から乱数さいを使って選ぶ。
　エ　全部の生徒に通し番号をわりふって，乱数表を使って選ぶ。

確認
→ **2**
無作為に抽出する
標本調査は，その標本の性質から母集団の性質を推定することが目的だから，標本が母集団の性質を代表するように，標本をかたよりなく選ばなければならない。

3 ある都市の有権者10587人から2000人を無作為に抽出して世論調査を行いました。次の問いに答えなさい。
(1) この調査の母集団を答えなさい。
(2) この調査の標本の大きさを求めなさい。
(3) この調査において，ある事案についての賛成率が35%であったとき，この都市の有権者のおよそ何人がこの事案に賛成すると推定できますか。四捨五入して，十の位までの概数で答えなさい。

確認
→ **3**(3)
母集団と標本
母集団における賛成率は，標本における賛成率にほぼ等しいと考えられる。

4 ある工場で製造された製品から500個を無作為に抽出したところ，その中に不良品が6個ありました。この工場で製造された30000個の製品には，不良品がおよそ何個含まれていると考えられますか。

〈神奈川県〉

5 袋の中に赤球と白球が合わせて1500個入っています。袋の中をよくかき混ぜた後，その中から30個の球を無作為に抽出して調べたら，赤球が12個でした。この袋に入っている1500個の球のうち，赤球はおよそ何個あると考えられるか求めなさい。

〈山梨県〉

6 箱の中に，25本の当たりを含むたくさんのくじが入っています。このくじをよくかき混ぜた後，48人がこの箱から1人1回ずつくじをひいたところ，当たりが2本出ました。箱の中に最初に入っていたくじの本数は，およそ何本であったと推定できるか，求めなさい。

〈群馬県〉

ヒント
→ **6**
標本調査の利用
48人がひいた48本のくじを標本とする。

入試レベルの問題で力をつけよう。

1 ある工場では生産したネジを箱に入れて保管しています。標本調査を利用して，この箱の中の
ネジの本数を，次の手順で調べました。

> 手順
> ① 箱からネジを 600 個取り出し，その全部に印をつけて箱にもどす。
> ② 箱の中のネジをよくかき混ぜた後，無作為にネジを 300 個取り出す。
> ③ 取り出した 300 個のうち，印のついたネジを調べたところ，12 個含まれていた。

次の問いに答えなさい。 〈和歌山県〉

(1) この調査の母集団と標本を次の**ア～エ**の中からそれぞれ 1 つずつ選び，その記号を書きなさい。

ア この箱の全部のネジ

イ はじめに取り出した 600 個のネジ

ウ 無作為に取り出した 300 個のネジ

エ 300 個の中に含まれていた印のついた 12 個のネジ

(2) この箱の中には，およそ何個のネジが入っていたと推測されるか，求めなさい。

2 ある養殖池にいるアユの数を推定するために，その養殖池で 47 匹のアユを捕獲し，その全部
に目印をつけてもどしました。数日後に同じ養殖池で 27 匹のアユを捕獲したところ，目印の
ついたアユが 3 匹いました。この養殖池にいるアユの数を推定し，十の位までの概数で求めな
さい。 〈岐阜県〉

3 箱の中に同じ大きさの黒玉だけがたくさん入っています。この黒玉の個数を推測するために，
黒玉と同じ大きさの白玉 200 個を黒玉が入っている箱の中に入れ，箱の中をよくかき混ぜた後，
そこから 80 個の玉を無作為に抽出したところ，白玉が 5 個含まれていました。この結果から，
はじめに箱の中に入っていた黒玉の個数は，およそ何個と推測されますか。 〈愛媛県〉

4 袋の中に黒色の碁石と白色の碁石がたくさん入っています。この袋の中から 40 個の碁石を無
作為に抽出したところ，黒色の碁石が 32 個であり，白色の碁石が 8 個でした。取り出した 40
個の碁石を袋にもどし，新たに 100 個の白色の碁石を袋に加えてよくかき混ぜた後，再びこの
袋の中から 40 個の碁石を無作為に抽出したところ，黒色の碁石が 28 個であり，白色の碁石が
12 個でした。袋の中にはじめに入っていた黒色の碁石の個数は，およそ何個かを求めなさい。

〈大阪府〉

総合問題

総合問題

複数の分野をまたいだ難問に取り組もう。

➡ 解答は別冊 105 ページ

1 図1のように，□を並べ，線で結びます。1段目の3つのそれぞれの □には，数や式を書き，2段目以降のそれぞれの□には，線で結ばれ た上の段の2つの□に書かれた数や式の和（わ）を書くものとします。例え ば，図2のように，1段目の3つの□に，左から順に，1, 4, 3を書くと， 3段目の□には，12を書くことになります。次の問いに答えなさい。

〈山口県〉

図1

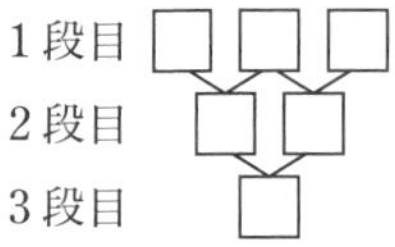

1段目 □ □ □
2段目 □ □
3段目 □

図2

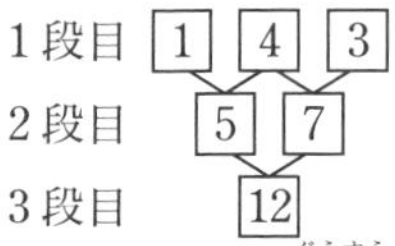

1段目 1 4 3
2段目 5 7
3段目 12

(1) 図1の1段目の3つの□に，左から順に，8, x, 5を書きます。3段目 の□に書く式の値（あたい）が27となるとき，xの値を求めなさい。

(2) 図3のように，1段目に並べる□の個数を6つに増やします。aを自然数（しぜんすう），bを2以上の偶数（ぐうすう） として，1段目の6つの□に，左から順に，2, 3, a, 1, b, 5を書きます。このとき，4段 目までには，図4のように，数や式を書くことになります。図4中の，6段目の□□□□□□に書 く式を，a, bを使って表しなさい。また，この式の値の一の位の数は，いつも同じ数になる ことを説明しなさい。

図3

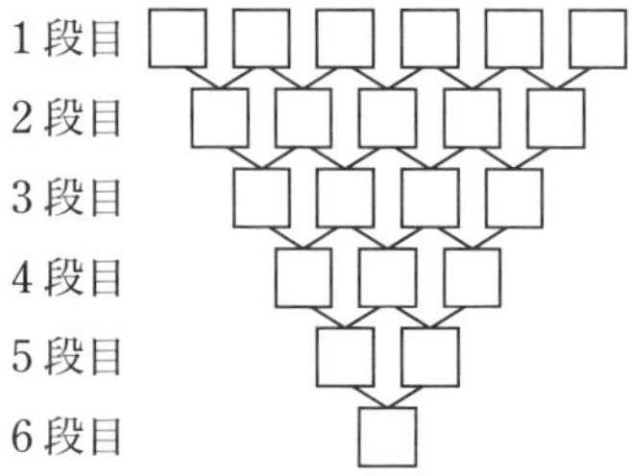

1段目 □ □ □ □ □ □
2段目 □ □ □ □ □
3段目 □ □ □ □
4段目 □ □ □
5段目 □ □
6段目 □

図4

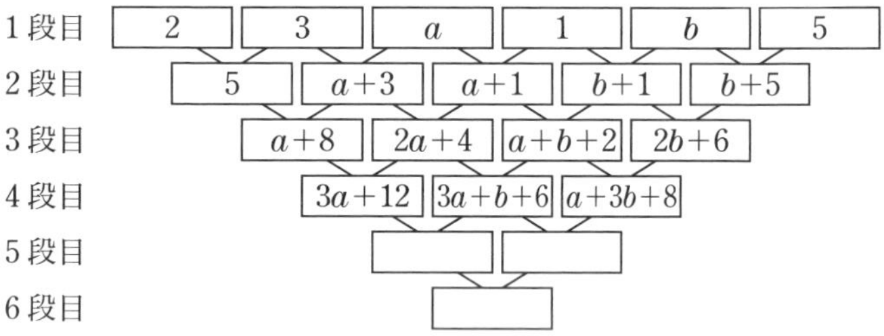

1段目 | 2 | 3 | a | 1 | b | 5 |
2段目 | 5 | $a+3$ | $a+1$ | $b+1$ | $b+5$ |
3段目 | $a+8$ | $2a+4$ | $a+b+2$ | $2b+6$ |
4段目 | $3a+12$ | $3a+b+6$ | $a+3b+8$ |
5段目 | | |
6段目 | |

2 片面が白，もう一方の面が黒である円形の駒（こま）を，表がすべて白になるように円状に並べます。

〈沖縄県〉

(1) 図1のように8個の駒を円状に並べ，順に A，B，C，D， E，F，G，H とします。1回目にAの駒を裏返し，2回目 にD，3回目にG，4回目にB，…と時計回りに2個とば しで裏返していきます。例えば，駒を3回目まで裏返すと 図2のようになります。次の問いに答えなさい。

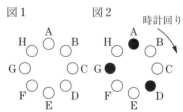

① 図1の配置から駒を6回目まで裏返したとき，表が白 である駒は A〜H のうちどれですか。すべて答えなさい。

② 図1の配置から駒を何回か裏返していき，はじめて図1の配置にもどるのは駒を何回目ま で裏返したときか求めなさい。

③ 図1の配置から駒を100回目まで裏返したとき，表が白である駒は A〜H のうちどれで すか。すべて答えなさい。

(2) 今度は図3のように10個の駒を円状に並べ，順にA，B，C，D，E，F，G，H，I，Jとします。(1)と同じように，時計回りに2個とばしでA，D，G，J，…と裏返していきます。駒を2019回目まで裏返したとき，表が白である駒の個数を求めなさい。

図3

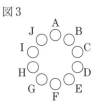

3 ある工場には，機械Aと機械Bがそれぞれ何台かずつあります。機械Aと機械Bが製造している品物はすべて同じです。どの機械Aも，1日に製造する品物の個数はすべて同じであり，その中に含まれる不良品の割合は，すべて2%です。どの機械Bも，1日に製造する品物の個数はすべて同じであり，その中に含まれる不良品の割合は，すべて0.5%です。次の問いに答えなさい。 〈大分県〉

(1) 機械Aを1台使って品物を製造しました。1日に製造した品物がすべて入った箱の中から100個を無作為に取り出して，その全部に印をつけました。これを，箱の中に戻してよく混ぜました。その後，再び箱の中から150個を無作為に取り出したところ，印のついた品物が5個ありました。1台の機械Aが1日に製造した品物の個数は，およそ何個と推測できるか，求めなさい。

(2) 機械Aと機械Bを1台ずつ同時に使って品物を製造し，この2台で1日に製造した品物の個数を合わせると，その中に含まれる不良品の割合は1.4%でした。ただし，1台の機械Aが1日に製造した品物の個数は，(1)で得られた結果とします。

① 1台の機械Bが1日に製造した品物の個数を求めなさい。

② 次に，この工場にある機械Aと機械Bをすべて同時に使って品物を製造しました。すべての機械で1日に製造した品物の個数を合わせると18000個であり，その中に含まれる不良品の割合は1%でした。この工場には，機械Aと機械Bがそれぞれ何台あるか，求めなさい。

4 あるイベントをA，B，Cの3会場で同時に行いました。受付は1か所で，受付の案内員は来場したx人の観客を，左の通路に行く人と右の通路に行く人の人数の比が3：2になるように誘導しました。左の通路の先にあるP地点にいる案内員は，左の通路に行く人と右の通路に行く人の人数の比が3：1

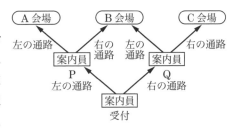

になるように誘導しました。右の通路の先にあるQ地点にいる案内員は，左の通路に行く人と右の通路に行く人の人数の比が2：1になるように誘導しました。上の図のように，A会場には左の通路，左の通路と進んだ人が入り，C会場には右の通路，右の通路と進んだ人が入り，B会場にはそれ以外の進み方をした人が入りました。その後，A会場とC会場からそれぞれy人ずつB会場に移動させて，イベントを開始しました。次の問いに答えなさい。 〈成蹊高(東京)〉

(1) イベントを開始したとき，A会場，B会場，C会場に入っている観客の人数をそれぞれx，yを用いて表しなさい。

(2) イベントを開始したとき，B会場の観客の人数は580人であり，A会場とC会場の観客の人数の比は25：6でした。xとyの値を求めなさい。

5 形も大きさも同じ半径 1cm の円盤がたくさんあります。これらを図1 図1
のように，縦 m 枚，横 n 枚（m，n は3以上の整数）の長方形状に並べ
ます。このとき，4つの角にある円盤の中心を結んでできる図形は長方
形です。さらに，図2のように，それぞれの円盤は×で示した点で他の
円盤と接しており，ある円盤が接している円盤の枚数をその円盤に書き
ます。例えば，図2は $m=3$，$n=4$ の長方形状に円盤を並べたもので
あり，円盤 A は2枚の円盤と接しているので，円盤 A に書かれる数は
2となります。同様に，円盤 B に書かれる数は3，円盤 C に書かれる数
は4となります。また，$m=3$，$n=4$ の長方形状に円盤を並べたとき，
すべての円盤に他の円盤と接している枚数をそれぞれ書くと，図3のよ
うになります。次の問いに答えなさい。 〈栃木県〉

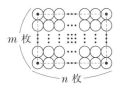

図2

図3

(1) $m=4$，$n=5$ のとき，3が書かれた円盤の枚数を求めなさい。

(2) $m=5$，$n=6$ のとき，円盤に書かれた数の合計を求めなさい。

(3) $m=x$，$n=x$ のとき，円盤に書かれた数の合計は 440 でした。このとき，x についての方程
式をつくり，x の値を求めなさい。ただし，途中の計算も書くこと。

(4) 次の文の①，②，③にあてはまる数を求めなさい。a，b は2以上の整数で，$a<b$ とします。

> $m=a+1$，$n=b+1$ として，円盤を図1のように並べます。4つの角にある円盤の中心を
> 結んでできる長方形の面積が 780cm² となるとき，4が書かれた円盤の枚数は，
> $a=($ ① $)$，$b=($ ② $)$ のとき最も多くなり，その枚数は（ ③ ）枚です。

6 ある微生物は，室温が 30℃未満の環境では1時間で2倍の数に増殖し，室温が 30℃以上の環
境では1時間で3倍の数に増殖します。この微生物について，室温の設定を1時間ごとに行い
観測します。次の問いに答えなさい。 〈専修大附高（東京）〉

(1) 2匹の微生物を，室温が 30℃未満の環境で2時間増殖させた後，室温を 30℃以上の環境にし
て3時間増殖させました。微生物は全部で何匹になっていますか。

(2) 何匹かの微生物を5時間増殖させたところ，ちょうど 360 匹になりました。最初に微生物は何
匹でしたか。

(3) 1匹の微生物が5時間後にはじめて 50 匹を超えるように増殖させる室温の設定は全部で何通
りありますか。

7 4点 O(0, 0)，A(5, 0)，B(5, 2)，C(0, 2) を頂点とする長方形 OABC があります。2点 P，
Q が頂点 A を同時に出発し，長方形の周上を一定の速さで進みます。点 P は反時計回りに点
C まで進み，点 Q は点 P の2倍の速さで時計回りに進みます。次の問いに答えなさい。

〈法政大国際高（神奈川）〉

(1) 点 P が頂点 B と重なったときの点 Q の座標を求めなさい。

(2) 点 P が頂点 C と重なったときの直線 PQ の方程式を求めなさい。

(3) 線分 PQ が長方形 OABC の面積を2等分するとき，2点 P，Q の座標を求めなさい。ただし，
点 P が頂点 C と重なったときは除きます。

8 右の図1のように，縦，横ともに1cmの等しい間隔で直線がひか　図1
れた方眼紙があり，縦線と横線の交点に，点A，B，C，D，E，F，
Q，Rがあります。点Pは，Aを出発して，線分AB，BC，CD，
DE，EF，FA上をA→B→C→D→E→F→Aの順にAまで
動きます。点Pが，Aを出発してから$x$cm動いたときの△PQR
の面積を$y$cm^{2}とするとき，次の問いに答えなさい。　〈富山県〉

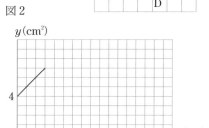

(1) $x=4$のとき，yの値を求めなさい。

(2) 点PがCからDまで動くときの，xの変域を求めな
さい。

(3) 右の図2は，xとyの関係を表したグラフの一部です。
このグラフを完成させなさい。

(4) △PQRの面積が6cm^{2}となるxの値は2つあります。
その値をそれぞれ求めなさい。

図2

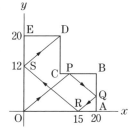

新傾向

9 右の図の六角形OABCDEは辺OA，OEは座標軸に重なり，その他
の辺は座標軸に平行です。また，OA＝OE＝20，BC＝CDです。こ
の図形の中でOを出発して辺にあたると等しい角度ではね返り，直
線運動する点があります。点はP，Q，R(15，0)，S(0，12)の順に
動き，Dで止まります。次の問いに答えなさい。　〈駿台甲府高(山梨)〉

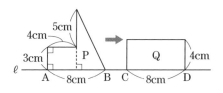

(1) 辺DEの長さを求めなさい。

(2) Oから出発した点が辺BC上の点Pではね返った後，辺AB上の点
Qではね返ったとき，直線PQの式を求めなさい。

(3) 点がOからDまで動いた距離を求めなさい。

10 直線ℓ上に，右の図のような図形Pと長方形Qがあ
ります。Qを固定したまま，Pを図の位置からℓにそ
って矢印の向きに毎秒1cmの速さで動かし，点Bと
点Dが重なるのと同時に停止させるものとします。
点Bと点Cが重なってからx秒後の，2つの図形が
重なる部分の面積を$y$cm^{2}とするとき，次の問いに答えなさい。　〈群馬県〉

(1) 点Bと点Cが重なってからPが停止するまでのxとyの関係を，重なる部分の図形の種類と
xとyの関係を表す式の変化に着目して，次の①〜③の場合に分けて考えました。
　ア ，イ には適する数を，あ 〜 う にはそれぞれ異なる式を入れなさい。

① $0 \leq x \leq$ ア のとき，yをxの式で表すと，　あ

② ア $\leq x \leq$ イ のとき，yをxの式で表すと，　い

③ イ $\leq x \leq 8$のとき，yをxの式で表すと，　う

(2) 2つの図形が重なる部分の面積がPの面積の半分となるのは，点Bと点Cが重なってから何
秒後か，求めなさい。

11 右の図のように，正六角形 OABCDE があり，3 直線 AB，OC，
ED は平行です。関数 $y=\dfrac{1}{6}x^2$ のグラフ上には点 A，E があり，
関数 $y=ax^2$ のグラフ上には点 B，D があります。ただし，a を
正の定数とし，点 A，E の y 座標を 2 とします。このとき，次
の □ に最も適する数字を答えなさい。　〈桐蔭学園高（神奈川）〉

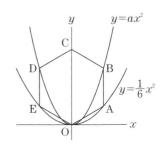

(1) 点 A の座標は（$\boxed{ア}\sqrt{\boxed{イ}}$，2）であり，正六角形 OABCDE の 1 辺の
長さは $\boxed{ウ}$ です。

よって，点 B の座標は（$\boxed{ア}\sqrt{\boxed{イ}}$，$\boxed{エ}$）です。また，$a=\dfrac{\boxed{オ}}{\boxed{カ}}$ です。

(2) 台形 OABC の面積は $\boxed{キ}\boxed{ク}\sqrt{\boxed{ケ}}$ です。

(3) 直線 BC の式は $y=-\dfrac{\sqrt{\boxed{コ}}}{\boxed{サ}}x+\boxed{シ}$ です。

(4) 原点 O を通り，台形 OABC の面積を 2 等分する直線を ℓ とすると，直線 ℓ と直線 BC の交点
F の座標は（$\dfrac{\boxed{ス}\sqrt{\boxed{セ}}}{\boxed{ソ}}$，$\dfrac{\boxed{タ}\boxed{チ}}{\boxed{ツ}}$）です。

12 放物線 $y=\dfrac{1}{2}x^2$ 上の点を P とします。x 軸上の正の部分に点 A を
OP=PA となるようにとります。また，点 A を通り，x 軸に垂直な
直線と直線 OP との交点を Q とします。△APQ が正三角形のとき，
△APQ の面積を求めなさい。　〈中央大杉並高（東京）〉

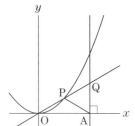

13 直線 $y=x+6$……① と放物線 $y=x^2$……② があり，① と② の交点を左か
ら順に A，B とします。右の図のような 1 辺の長さが 1 で，各辺が座標
軸と平行な正方形 PQRS を，点 P が直線① 上にあり，他の点は① の下
側にあるように動かしていきます。点 P が A から B まで動くとき，次
の問いに答えなさい。　〈久留米大附設高（福岡）〉

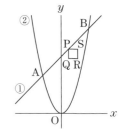

(1) 点 Q はある直線の上を動きます。その直線の式を求め，点 Q が動いて
できる線分の長さを求めなさい。

(2) 正方形 PQRS が動いてできる図形の面積を求めなさい。

次に，点 P の x 座標を a とします。

(3) 点 Q が放物線② の上にあるような a の値をすべて求めなさい。

(4) 正方形 PQRS が放物線② と交わらないような a の値の範囲を求めなさい。

思考力 14 長方形の台紙に，同じ大きさのシールが貼ってあります。このシール
を，左上から少しずつはがしていくとき，現れた台紙の面積について
考えます。図1は，BC=10cm，CD=6cm のシールつきの長方形
ABCD の台紙から，シールを，点Aから少しだけはがしたところを
示したものです。はがしたシールの，点Aと重なっていた点をEと
し，はがしたシールと，現れた台紙との境目の線分の両端の点をP，
Qとします。図2のように，点Pが点Dに達するまでは，PQ∥DB
となるようにはがしていき，その後は，図3のように，点Pが点C
に達するまでは，点Qを点Bに固定したまま，はがしていきます。
点Pを，長方形の辺上を点Aから点Dを通って点Cまで移動する点
と考えるとき，点Pの点Aからの道のりを $x$cm，現れた台紙の面積
を $y$cm^2 とします。次の問いに答えなさい。ただし，点P，Qが点A
にあるときは $y=0$ とします。 〈新潟県〉

図1
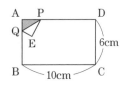

図2
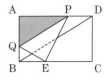

図3
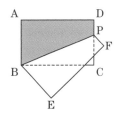

図4
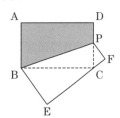

(1) $x=4$ のとき，y の値を答えなさい。

(2) $10<x\leqq16$ のとき，線分 DP の長さを x を用いて表しなさい。

(3) 次の①，②について，y を x の式で表しなさい。
   ① $0<x\leqq10$ のとき
   ② $10<x\leqq16$ のとき

(4) $10<x\leqq16$ とします。はがしたシールの，点Dと重なっていた点を
Fとします。図4のように，シールを，線分 EF が頂点Cと重なるよ
うに，線分 BP を折り目として折り返しました。このとき，x，y の
値をそれぞれ求めなさい。

超難問 15 右の図のように，円Oの円周上の4点A，B，C，Dを頂点とする長方
形 ABCD があります。点B，Cを含まない $\overparen{\text{AD}}$ 上に，点A，Dと異な
る点Eをとり，直線 AE と直線 CD の交点をFとします。次の問いに
答えなさい。 〈福井県〉

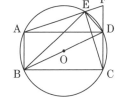

(1) △ADF∽△BED であることを証明しなさい。

(2) AB=2cm，BC=2$\sqrt{2}$cm，DF=1cm とします。
   ア 円Oの半径と DE の長さを求めなさい。
   イ △BCE の面積を求めなさい。

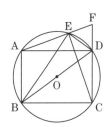

16 右の図の四角形 ABCD は，AB＝4cm，BC＝8cm の長方形です。辺 BC を直径とする半径 4cm の半円 O が辺 AD と接しています。点 P は点 A を出発し，長方形の辺上を点 D を通り，点 C まで毎秒 1cm の速さで動きます。また，点 Q は線分 BP と半円 O との交点とします。点 P が点 A を出発してからの時間を x 秒とします。次の問いに答えなさい。

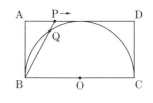

〈法政大第二高（神奈川）〉

(1) △ABP∽△DPC となる x の値を求めなさい。

(2) △ABP∽△QCB となる x の値の範囲を，不等号を使って表しなさい。

(3) $8 \leq x < 12$ のとき，△PBC∽△PCQ を証明しなさい。

17 右の図は，底面の半径が 5cm，母線 AB の長さが 10cm の円柱です。点 P は点 A を出発し，円 O の円周上を一定の速さで動き，1 周するのに 30 秒かかります。点 Q は点 B を出発し，円 O′ の円周上を点 P と逆向きに動き，1 周するのに 45 秒かかります。2 点 P，Q が同時に出発するとき，次の問いに答えなさい。

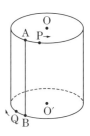

〈青森県〉

(1) この円柱の表面積を求めなさい。

(2) 5 秒後の ∠AOP の大きさと線分 PB の長さを求めなさい。

(3) 点 P が 1 周する間に OP∥O′Q となるのは出発してから何秒後か，すべてを求めなさい。ただし，出発時は考えないものとします。

(4) 点 P が 1 周する間の線分 PQ の長さの変域を あ ≦PQ≦ い で表すとき， あ ， い の値を求めなさい。

18 右の図 1 に示した立体 ABCD‐EFGH は，AB＝3cm，AD＝4cm，AE＝7cm の直方体です。辺 AE 上に点 P を，辺 BF 上に点 Q をとり，頂点 A と点 Q，点 Q と頂点 G，点 P と点 Q，点 Q と頂点 D をそれぞれ結びます。次の問いに答えなさい。

〈都立青山高〉

図 1

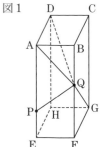

(1) AP＝5cm，AQ＋QG の長さが最も短くなるとき，次の①，②に答えなさい。

　① 線分 DQ の長さは何 cm ですか。

　② 直方体 ABCD‐EFGH を 3 点 P，Q，G を通る平面で分けたとき，頂点 F を含む立体の体積は何 cm³ ですか。

(2) 右の図 2 は，図 1 において，AQ＝PQ とし，頂点 B と頂点 D を結んだ場合を表しています。△APQ と △QFG の面積が等しくなるとき，四角形 PEFQ と △QBD の面積の比を最も簡単な整数の比で表しなさい。ただし，答えだけでなく，答えを求める過程がわかるように，途中の式や計算なども書きなさい。

図 2

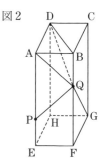

19 右の図で，円 O は中心が △ABC の辺 BC 上にあり，直線 AB，AC とそれぞれ点 B，D で接しています。AB＝2cm，AC＝3cm のとき，次の問いに答えなさい。 〈愛知県〉

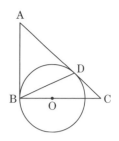

(1) 円 O の面積は何 cm² か，求めなさい。

(2) △DBC を辺 BC を回転の軸として 1 回転させてできる立体の体積は，円 O を辺 BC を回転の軸として 1 回転させてできる立体の体積の何倍か，求めなさい。

20 A さんと B さんのクラスの生徒 20 人が，次のルールでゲームを行いました。

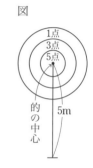

図

> ・図のように，床に描かれた的があり，的の中心まで 5m 離れたところから，的をねらってボールを 2 回ずつ転がす。
> ・的には 5 点，3 点，1 点の部分があり，的の外は 0 点とする。
> ・ボールが止まった部分の点数の合計を 1 ゲームの得点とする。
> ・ボールが境界線に止まったときの点数は，内側の点数とする。

例えば，1 回目に 5 点，2 回目に 3 点の部分にボールが止まった場合，この生徒の 1 ゲームの得点は 5＋3＝8(点) となります。

1 ゲームを行った結果，右のようになりました。このとき，2 回とも 3 点の部分にボールが止まった生徒は 2 人でした。次の問いに答えなさい。

得点(点)	0	1	2	3	4	5	6	8	10
人数(人)	0	0	5	2	5	1	4	2	1

〈鹿児島県〉

(1) 20 人の得点について，範囲(レンジ)は何点ですか。

(2) 1 回でも 5 点の部分にボールが止まった生徒は何人ですか。

(3) A さんと B さんは，クラスの生徒 20 人の得点の合計を上げるためにどうすればよいかそれぞれ考えてみました。

① A さんは「ボールが止まった 5 点の部分を 1 点，1 点の部分を 5 点として，得点を計算してみるとよい。」と考えました。この考えをもとに得点を計算した場合の，20 人の得点の中央値(メジアン)は何点ですか。ただし，0 点と 3 点の部分の点数はそのままとします。

② B さんは「1m 近づいてもう 1 ゲームやってみるとよい。」と考えました。この考えをもとに図の的の点数は 1 ゲーム目のままで 20 人が 2 ゲーム目を行いました。その結果は，中央値(メジアン)が 5.5 点，A さんの得点が 4 点，B さんの得点が 6 点で，B さんと同じ得点の生徒はいませんでした。この結果から必ずいえることを下の**ア～エ**の中からすべて選び，記号で答えなさい。

ア 1 ゲーム目と 2 ゲーム目のそれぞれの得点の範囲(レンジ)は同じ値である。

イ 5 点の部分に 1 回でもボールが止まった生徒の人数は，2 ゲーム目のほうが多い。

ウ 2 ゲーム目について，最頻値(モード)は中央値(メジアン)より大きい。

エ 2 ゲーム目について，A さんの得点を上回っている生徒は 11 人以上いる。

21 4つの袋A，B，C，Dがあります。A，B，C，Dそれぞれの袋に，赤球と白球とを合わせて20個ずつ入れるとします。(1)は解答のみを示しなさい。(2)，(3)は解答手順を記述しなさい。

〈江戸川学園取手高（茨城）〉

(1) Aの袋に入っている白球の個数が18個であったとします。Aの袋から1個球を取り出すとき，赤球の出る確率を求めなさい。

(2) Bの袋から1個球を取り出すとき，白球の出る確率を $\frac{3}{10}$ にするには，Bの袋に赤球と白球をそれぞれ何個ずつ入れればよいか答えなさい。

(3) C，Dの袋からそれぞれ球を1個ずつ取り出すとき，Cの袋から赤球の出る確率が，Dの袋から赤球の出る確率よりも $\frac{2}{5}$ だけ大きく，Cの袋から白球の出る確率とDの袋から白球の出る確率との和が $\frac{6}{5}$ であったとします。C，Dの袋の赤球の個数をそれぞれ m，n とするとき，m，n の値を求めなさい。

22 大小2個のさいころを同時に投げます。大きいさいころの目を a，小さいさいころの目を b として，2次方程式 $x^2-ax+b=0$……①をつくります。次の問いに答えなさい。 〈18 青山学院高（東京）〉

(1) 2次方程式①が，$x=1$ を解にもつ確率を求めなさい。

(2) 2次方程式①の解がすべて整数となる確率を求めなさい。

23 大小2つのさいころを投げ，出た目の数をそれぞれ p，q とします。2点A，Bの座標をA(3, 4)，B(5, 1)とするとき，次の問いに答えなさい。 〈立教新座高（埼玉）〉

(1) 2点P，Qの座標をP(p, 0)，Q(0, q)とするとき，直線PQと直線ABが平行になる確率を求めなさい。

(2) 放物線 $y=\frac{q}{p}x^2$ と線分ABが交わる確率を求めなさい。

24 大小2つのさいころを投げ，出た目をそれぞれ a，b とします。
点(a, 0)を通り y 軸に平行な直線を ℓ，点(0, b)を通り x 軸に平行な直線を m とします。また，座標軸の1目もりを1cmとします。3点O(0, 0)，P(4, 0)，Q(7, 7)を頂点とする△OPQは直線 ℓ，直線 m によって3つまたは4つの図形に分けられます。そのうち，Oを含む図形を S とします。例えば，$a=1$，$b=1$ のとき，△OPQは，三角形2つと四角形1つの3つの図形に分けられ，S は面積が $\frac{1}{2}$ cm² の直角二等辺三角形です。また，$a=2$，$b=1$ のとき，△OPQは，三角形1つと四角形3つの4つの図形に分けられ，S は面積が $\frac{3}{2}$ cm² の台形です。次の問いに答えなさい。 〈広島大附高（広島）〉

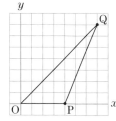

(1) △OPQがちょうど3つの図形に分けられる確率を求めなさい。

(2) S が台形となる確率を求めなさい。

(3) S の面積が8cm²以下となる確率を求めなさい。

入試予想問題

入試予想問題　No. 1

本番さながらの予想問題にチャレンジしよう。 ➡ 解答は別冊 115 ページ

制限時間	得点
60分	点／100点

1 次の計算をしなさい。 【各2点　合計12点】

(1)　$\dfrac{5}{6}-\left(+\dfrac{7}{8}\right)$　　　　　　　(2)　$4^2+8\div(-2)^3$

(3)　$(-2xy)^3\div\dfrac{2}{3}y^2$　　　　　　　(4)　$3(2a-7b)-4(a-5b)$

(5)　$\sqrt{28}-\sqrt{63}$　　　　　　　(6)　$\dfrac{6}{\sqrt{2}}-(1+\sqrt{2})^2$

(1)	(2)	(3)	(4)
(5)	(6)		

2 次の問いに答えなさい。 【各3点　合計15点】

(1)　$(x+2)(x-6)-9$ を因数分解しなさい。

(2)　$3<\sqrt{a}<\dfrac{11}{3}$ を満たす正の整数 a は何個ありますか。

(3)　2次方程式 $(x+3)(x-5)=x-6$ を解きなさい。

(4)　自然数 a を b でわると，商が8で余りが c となりました。b を a と c を使った式で表しなさい。

(5)　y は x に反比例し，$x=2$ のとき $y=-9$ です。$x=-6$ のときの y の値を求めなさい。

(1)	(2)	(3)	(4)
(5)			

3 次の問いに答えなさい。　　　　　　　　　　【⑴6点, ⑵各4点, ⑶6点　合計20点】

(1) ある中学校の2年生について，図書室の本の貸し出し状況を調査しました。9月の調査では，本を借りた生徒の人数は，2年生全体の60%で，そのうち1冊借りた生徒は50人，2冊借りた生徒は35人で，3冊以上借りた生徒もいました。その後，読書推進運動を進め，2か月後の11月の調査では，9月の調査と比べて本を借りた生徒は22人増え，1冊借りた生徒は10%減ったが，2冊借りた生徒は20%増え，3冊以上借りた生徒は2倍になりました。このとき，2年生の生徒の人数を求めなさい。ただし，9月と11月の2年生の生徒の人数は同じであったとします。

(2) 右の図で，四角形 ABCD は長方形で，点 E，F はそれぞれ辺 AD，DC の中点です。また，線分 EB と線分 AF，線分 AC との交点をそれぞれ G，H とします。AB＝4cm，AD＝6cm のとき，次の問いに答えなさい。

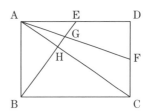

① 線分 BH の長さを求めなさい。

② 線分 GH の長さを求めなさい。

(3) ある中学校の3年1組と3年2組において，通学時間を調査しました。右の表は，その結果を度数分布表に整理したものです。この度数分布表から必ずいえるものを，次の**ア～オ**からすべて選び，記号で答えなさい。

階級(分)	1組	2組
	度数(人)	度数(人)
以上　　未満		
0 ～ 5	4	1
5 ～ 10	8	7
10 ～ 15	9	8
15 ～ 20	10	6
20 ～ 25	6	9
25 ～ 30	3	4
計	40	35

ア 通学時間の分布の範囲は，1組と2組は等しい。

イ 通学時間が5分以上10分未満の階級の相対度数は，1組と2組は等しい。

ウ 通学時間が15分以上の生徒の学級全体の生徒に対する割合は，1組のほうが2組より大きい。

エ 通学時間の中央値を含む階級の階級値は，1組のほうが2組より大きい。

オ 通学時間の最頻値は，1組のほうが2組より小さい。

(1)	(2)①	②	(3)

入試予想問題

177

4 右の図のように，関数 $y=ax^2$ のグラフ上に，3点 A，B，C があり，点 A，B の x 座標はそれぞれ 6，4 です。点 D は y 軸上の点で，四角形 ABCD は平行四辺形です。また，直線 AB は，傾きが 5 の直線です。次の問いに答えなさい。

【各 4 点　合計 16 点】

(1) a の値を求めなさい。

(2) 点 C の座標を求めなさい。

(3) 平行四辺形 ABCD の面積を求めなさい。

(4) x 軸上に，△OBC：△PBC＝1：3 となるような点 P をとります。点 P の座標を求めなさい。ただし，点 P の x 座標は正とします。

(1)	(2)	(3)	(4)

5 右の図のように，0 から 6 までの数字が 1 つずつ書かれた 7 枚のカードが，左から小さい順に並んでいます。大小 2 つのさいころを同時に 1 回投げて，大きいさいころの出た目の数を a，小さいさいころの出た目の数を b として，次の①，②の操作を行います。

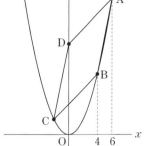

> ①　まず，7 枚のカードの左端から a 番目のカードを取り除きます。
> ②　次に，残った 6 枚のカードの右端から b 番目のカードを取り除きます。

ただし，さいころの目は 1 から 6 まであり，どの目が出ることも同様に確からしいものとします。また，カードを取り除くごとに，残ったカードは左側につめて並べるものとします。次の問いに答えなさい。

【各 4 点　合計 12 点】

(1) $a=4$，$b=4$ のとき，残った 5 枚のカードの数字を左から順に書きなさい。

(2) 残った 5 枚のカードの右端が 5 になる確率を求めなさい。

(3) 残った 5 枚のカードの数の合計が奇数になる確率を求めなさい。

(1)	(2)	(3)

6 右の図のように，線分 AB を直径とする円 O があります。円 O の
周上に点 A，B とは異なる点 C をとり，点 C と点 A，B をそれぞ
れ結びます。線分 BC 上に，AC＝BD となる点 D をとり，AD と
円 O との交点を E とし，点 E と点 B，C をそれぞれ結びます。点
C を通り，EB と平行な直線をひき，AE との交点を F，円 O との
交点を G とします。次の問いに答えなさい。

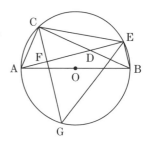

【(1) 5 点　(2)各 4 点　合計 13 点】

(1) △AFC≡△BED であることを証明しなさい。

(2) AC＝5cm，AF＝3cm のとき，次の問いに答えなさい。
　① 線分 FD の長さを求めなさい。

　② △CGE の面積を求めなさい。

(1)	
(2) ①	②

7 右の図の立体は三角柱で，底面は正三角形，側面はすべて長方形です。
また，AB＝4cm，AD＝6cm です。点 P は，頂点 A を出発し，毎秒 1cm
の速さで，3 辺 AD，DE，EF 上を通って頂点 F まで動きます。次の問
いに答えなさい。

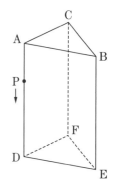

【各 4 点　合計 12 点】

(1) 点 P が頂点 A を出発してから 2 秒後の立体 ABC－PEF と立体 PDEF
の体積の比を求めなさい。

(2) 点 P が辺 AD，DE 上にあるとき，四角形 APEB の面積が 20cm² とな
るのは，点 P が頂点 A を出発してから何秒後か，すべて答えなさい。

(3) 点 P が点 A を出発してから 12 秒後の △APC の面積を求めなさい。

(1)	(2)	(3)

入試予想問題　No. 2

本番さながらの予想問題にチャレンジしよう。 ➡ 解答は別冊 118 ページ

---

1 次の計算をしなさい。　　　　　　　　　　　　　　　　　　　　　　【各 2 点　合計 12 点】

(1) $\dfrac{4}{15} \div \left(-\dfrac{8}{9}\right)$

(2) $1+2\times(-3^2)\div 6$

(3) $\dfrac{3a-b}{4}-\dfrac{a-5b}{6}$

(4) $(x+2)(x-5)-(x-3)^2$

(5) $\sqrt{45}-\dfrac{10}{\sqrt{5}}$

(6) $(\sqrt{2}+\sqrt{3})(\sqrt{6}-3)$

(1)	(2)	(3)	(4)
(5)	(6)		

---

2 次の問いに答えなさい。　　　　　　　　　　　　　　　　　　　　　【各 3 点　合計 12 点】

(1) $x=-4+\sqrt{7}$ のとき，$x^2+8x+16$ の値を求めなさい。

(2) 連立方程式（れんりつほうていしき） $\begin{cases} 5x+2y=3 \\ 4x-3y=30 \end{cases}$ を解きなさい。

(3) 1 冊 a 円のノートを 5 冊買い，1000 円出したらおつりがもらえました。次の**ア〜ウ**で，この
ときの数量の関係を表した式として正しいものはどれか，記号で答えなさい。
　ア $1000-5a=0$　　**イ** $1000-5a<0$　　**ウ** $1000-5a>0$

(4) 箱の中に，白玉だけがたくさん入っています。この白玉の個数を推測するために，同じ大きさ
の 50 個の赤玉を箱の中に入れ，よくかき混ぜた後，その中から 60 個の玉を無作為（むさくい）に抽出（ちゅうしゅつ）して
調べました。抽出した 60 個の玉の中に，赤玉が 4 個含まれていました。はじめに箱の中に入
っていた白玉はおよそ何個と推測されるか，求めなさい。

(1)	(2)	(3)	(4)

3 次の問いに答えなさい。　【(1)(2)各6点　(3)(4)各3点　合計24点】

(1) 秒速40mの速さで球を地上から真上に打ち上げると，球を打ち上げてから地上に落ちてくるまでの球の高さは，打ち上げてから x 秒後に $(40x-5x^2)$ m になります。いま，秒速5mの一定の速さで真上に上昇する風船を地上から放しました。風船を放してから12秒後に，今度は球を風船を放した地点から真上に打ち上げました。すると，球は風船に向かって上昇し風船に当たり，風船がわれました。球が風船に当たったときの高さは何mか，求めなさい。ただし，球が風船を追い越すことはないものとします。

(2) 右の図のような正方形 ABCD があり，はじめに2点 P，Q は頂点 A 上にあります。大小2つのさいころを同時に1回投げ，大のさいころの出た目の数を a，小のさいころの出た目の数を b とします。点 P は，正方形の頂点を矢印の方向に a だけ移動し，点 Q は，正方形の頂点を点 P と逆回りに b だけ移動します。例えば，$a=3$ のとき，点 P は頂点 D 上に移動します。このとき，点 P と点 Q が同じ頂点上にある確率を求めなさい。ただし，さいころの目は1から6まであり，どの目が出ることも同様に確からしいものとします。

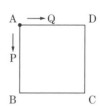

(3) 右の図のように，円 O の周上に4点 A，B，C，D があります。AB=AC，∠BAC=∠CAD で，線分 AC と線分 BD との交点を E とします。AB=AC=8cm，AD=6cm のとき，次の問いに答えなさい。
① 線分 EC の長さを求めなさい。

② 線分 BD の長さを求めなさい。

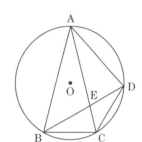

(4) 右の図の直方体で，AD=2cm，対角線 AG=7cm です。また，線分 AB の長さは，線分 AE の長さの2倍です。次の問いに答えなさい。
① 線分 AB の長さを求めなさい。

② △ABG の面積を求めなさい。

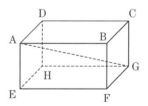

(1)		(2)	
(3)①	②	(4)①	②

4 右の図のように，AB＝12cm，AD＝30cm の長方形 ABCD があります。点 P は，頂点 A を出発し，毎秒 2cm の速さで辺 AD 上を一往復して頂点 A に戻り，そこで止まります。点 Q は，点 P が出発すると同時に頂点 B を出発し，毎秒 3cm の速さで辺 BC 上を一往復して頂点 B に戻り，そこで止まります。次の問いに答えなさい。

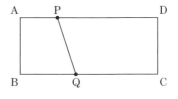

【(1)(2)各 4 点　(3)各 3 点　合計 14 点】

(1) 点 P が頂点 A を出発してから 9 秒後の線分 PQ の長さを求めなさい。

(2) 四角形 ABQP が長方形となるのは，点 P が頂点 A を出発してから何秒後か求めなさい。

(3) 点 P が頂点 A を出発してから 5 秒後の線分 PQ の長さを acm とします。
　① 点 P が頂点 A を出発してから 2 回目に PQ＝acm となるのは何秒後か，求めなさい。

　② 点 P が頂点 A を出発してから 3 回目に PQ＝acm となるのは何秒後か，求めなさい。

(1)	(2)	(3)①	②

5 次の規則にしたがって，左から順に数を並べていきます。

【規則】
・1 番目の数と 2 番目の数を定めます。
・3 番目以降の数は，その 2 つ前の数と 1 つ前の数の和とします。

例えば，1 番目の数が 1，2 番目の数が 2 のとき，1 番目の数から順に並べると，

1，2，3，5，8，13，21，34，…

となります。次の問いに答えなさい。

【各 4 点　合計 12 点】

(1) 1 番目の数が a，2 番目の数が b のとき，5 番目の数を a，b を用いて表しなさい。

(2) 1 番目の数と 2 番目の数は連続する整数で，1 番目の数は 2 番目より小さいとします。6 番目の数が −11 のとき，1 番目の数を求めなさい。

(3) 6 番目の数が 3，10 番目の数が 18 のとき，1 番目の数と 2 番目の数を求めなさい。

(1)	(2)	(3)1 番目の数	2 番目の数

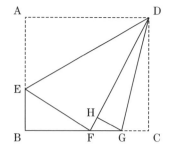

6　右の図のように，長方形 ABCD を，線分 DE を折り目として，頂点 A が辺 BC 上にくるように折ります。このとき，頂点 A が移った点を F とします。さらに，線分 DG を折り目として，頂点 C が辺 DF 上にくるように折ります。このとき，頂点 C が移った点を H とします。次の問いに答えなさい。

【各5点　合計10点】

(1)　△EBF∽△FHG であることを証明しなさい。

(2)　AB＝15cm，AD＝17cm のとき，線分 FG の長さを求めなさい。

(1)

(2)

7　右の図のように，2つの関数 $y=\dfrac{1}{4}x^2$ と $y=ax^2$ のグラフがあります。点 A は $y=\dfrac{1}{4}x^2$ のグラフ上の点で，その x 座標は 4 です。点 A から y 軸に平行な直線をひき，$y=ax^2$ のグラフとの交点を B，点 B から x 軸に平行な直線をひき，$y=ax^2$ のグラフとの交点を C，点 A から x 軸に平行な直線をひき，$y=\dfrac{1}{4}x^2$ のグラフとの交点を D とします。また，直線 DB と $y=ax^2$ のグラフとの交点を E とします。ただし，$a>\dfrac{1}{4}$ とします。
次の問いに答えなさい。

【各4点　合計16点】

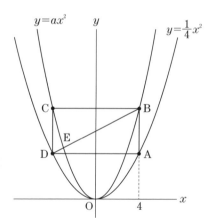

(1)　$a=\dfrac{3}{8}$ のとき，直線 DB の式を求めなさい。

(2)　四角形 ABCD が正方形になるとき，a の値を求めなさい。

(3)　BD＝10 のとき，a の値を求めなさい。

(4)　DE：EB＝1：7 となるとき，a の値を求めなさい。

(1)	(2)	(3)	(4)

監修	柴山達治（開成中学校・高等学校教諭）
編集協力	㈱アポロ企画，㈲アズ，佐々木豊
カバーデザイン	寄藤文平＋古屋郁美［文平銀座］
カバーイラスト	寄藤文平［文平銀座］
本文デザイン	武本勝利，峠之内綾［ライカンスロープデザインラボ］
本文イラスト	加納徳博
DTP	㈱明昌堂　データ管理コード：21-1772-3568（CC2018）

この本は下記のように環境に配慮して製作しました。
● 製版フィルムを使用しない CTP 方式で印刷しました。● 環境に配慮してつくられた紙を使用しています。

学研 パーフェクトコース
わかるをつくる 中学数学問題集